複素数と複素関数

栗 田 稔 著

現代数学社

はしがき

　複素数は，数学全般の中で極めて重要な地位を占めるものである．初歩の代数方程式の理論においては，複素数はその中核をなしており，関数の理論においては，複素数の立場から見ることによって，その本質がはっきりと浮かび上ってくることが多い．19世紀における数学の目ざましい進歩の多くの部分は，複素数を通して得られたものであるし，現代の数学においても，その重要性は少しも減ってはいない．

　この書物は，高等学校において，複素数の初歩を学んだ諸君が，さらに進んで複素数とその周辺のことを知りたいと望まれる場合に役立つことを目的として，複素数と複素数を変数とする関数（複素関数）の初歩の部分を詳しく説いたものである．

　複素関数論については，わが国にも昔からよい書物がたくさんある．しかし，もともと深い学問であるから，そう容易には理解されるものではない．この書物は，前半においては，複素数の基本事項を，多くの実例を通して述べ，後半では複素関数についての基礎を平易に説いてある．しかし，本格的な複素関数の理論は，これから先である．それについては，巻末に参考書を掲げておいた．

　終りに，本書の企画ならびに刊行に当って，いろいろと御尽力頂いた現代数学社のかたがたに深い謝意を表わす次第である．

　昭和45年10月　　　　　　　　　　　　　　　　　　　　　　　　著　者

目　　次

はしがき

序　章 *5*

第1章　複素数の定義 *10*
§1　整式の剰余類としての定義 *10*
§2　実数の順序対としての定義 *16*
§3　行列による定義 *20*
§4　複素数の共役 *23*
　　　問　題 *26*

第2章　複素数と複素平面 *27*
§1　複素数の和と差 *27*
§2　複素数の絶対値と偏角 *30*
§3　積, 商 と 複素平面 *37*
§4　1 の n 乗根 *42*
§5　e^{ix} と微分法 *45*
　　　問　題 *50*

第3章　1 次 関 数 *53*
§1　1次関数 *53*
§2　1次分数関数 *57*
§3　1次分数関数の特性 *62*
§4　∞ と数球面 *66*

目　次

§5　1次変換群 70
　　問　題 75

第4章　2 次 関 数 77
§1　関数 $w=z^2$ 77
§2　微分可能な関数と等角写像 82
§3　2次分数関数 85
§4　関数 $\sqrt{z}$ 89
　　問　題 92

第5章　指 数 関 数 93
§1　指 数 関 数 93
§2　対 数 関 数 99
§3　べ き 関 数 101
　　問　題 103

第6章　正 則 関 数 104
§1　準　　　備 104
§2　微分できる関数（正則関数） 106
§3　$\dfrac{\partial}{\partial z}$ と $\dfrac{\partial}{\partial \bar{z}}$ 114
§4　正則関数による写像 118
　　問　題 120

第7章　積 分 定 理 121
§1　積分と原始関数 121
§2　線積分に関するガウスの定理 124
§3　積 分 定 理 131
§4　定積分と原始関数 134
§5　積分 $\displaystyle\int \dfrac{dz}{z^n}$ （nは自然数） 137

目　次

　　§6　コーシーの積分表示 *140*
　　§7　零点と極 *147*
　　§8　定積分の計算 *151*
　　　　問　題 *159*

第8章　正則関数の級数展開 *161*
　　§1　複素無限級数 *161*
　　§2　正則関数の整級数展開 *166*
　　　　問　題 *171*

第9章　複素関数論の展望 *172*
　　§1　解析接続 *172*
　　§2　整関数と有理形関数 *176*
　　§3　指数関数と三角関数 *177*
　　§4　楕円積分と楕円関数 *180*
　　§5　等角写像 *183*
　　§6　流体力学への応用 *184*

補　　充 *188*
　　1　多元数としての複素数 *188*
　　2　4元数 *190*
　　3　等角写像 *192*

　　問題の答とヒント *195*
　　参　考　書 *203*
　　索　　引 *204*

■本文カット・山口　彰

序　　章

　複素数というのは，a, b を任意の実数とするとき，$a+bi$ という形で表わされる数で，その四則 (加減乗除) の計算に当っては，

　　　i をふつうの文字の場合と全く同じように考えて計算し，

　　　i^2 が出てきたら -1 で置きかえてもよい

というものである．高等学校の数学では，ふつう複素数の導入は，このようになされている．($a+bi$ は $a+ib$ ともかく．)

　複素数は，英語では complex number という．複素数という字は，複-素数というように読んではいけない．それでは，素数 (整数の理論での $2, 3, 5, 7, 11, 13, \cdots\cdots$) が 2 つあるということになる．そうではなくて，複素-数という意味で，素 (もと) が 2 つある数ということなのである．それでは，もとが 3 つ以上もある数があるかといえば，それはいくらでもあって，100 年以上も前にハミルトン (W. R. Hamilton 1805-1865) は，4 つの素 (もと，元) $1, i, j, k$ をもつ数 $a+bi+cj+dk$ (a, b, c, d は実数) を考え，これについて非常に深い研究を行なっている．これは 4 元数 (quaternion) といわれるものである．今世紀に入っては，もっと一般に，多元数 (hypercomplex number) というものが考えられて，その応用はかなり広い．

　4 元数，多元数という呼び方からすれば，複素数も，複元数とか，2 元数と呼んでもよさそうであるが，これは通用していない．また，同じく，もとが 2 つある数でも，

ハミルトン

1と $\varepsilon^2=0$ となる ε (実数ではないから0とならない) をもとにして考えた $a+b\varepsilon$ (a,b は実数) というものがあって，これはふつう双対数 (dual number) と呼ばれ，いくらかの応用をもっている．

複素数は，これらの多元数の中で最も特徴の大きいもので，その応用が極めて広く，多元数論さえ学んでおけば，その特別な場合にすぎないというものではない．それは，これからの話で，だんだんとわかって頂けると思う．

さて，高等学校の数学で，はじめて複素数を習うときは，次のようである．実数を係数にもつ x の2次方程式

$$ax^2+bx+c=0 \tag{1}$$

を解くとき，根の公式によれば，

$$x=\frac{-b\pm\sqrt{b^2-4ac}}{2a} \tag{2}$$

であるが，これは，$b^2-4ac<0$ のときは実数にならない．つまり，実数の範囲では，2次方程式 (1) は解(根)をもたないことになる．そこで，数の範囲をもう少し拡げて，

$$x^2+1=0$$

となる新しい数 x を1つ考え，これを i とかいて単位の虚数と呼ぶことにする．つまり，

$$i^2+1=0, \qquad i^2=-1.$$

だから，記号的には $i=\sqrt{-1}$ とかいてもよい．この i という文字は imaginary number (虚数，想像数) の頭文字をとったものである．

i の導入によって，$b^2-4ac<0$ のときは，(2) は，

$$x=-\frac{b}{2a}\pm\frac{\sqrt{4ac-b^2}}{2a}i$$

と書き直され，これは $p\pm qi$ (p,q は実数) という形をしている．こうして，数の範囲を**複素数** $p+qi$ までひろげておけば，

　　　　実数を係数とする2次方程式は，複素数の根2つをもつ
　　　　　　　　　　　　　　　(重根は2つとみる)

ということになる.

ところが, もっと広く, 次のことが成り立つ.

定理1 複素数を係数とする2次方程式
$$\alpha x^2 + \beta x + \gamma = 0$$
は, 複素数の根2つをもつ. (重根は2つとみる)

このことは, 次のようにしてわかる. まず, 実数係数の場合と同じようにして,
$$x = \frac{-\beta \pm \sqrt{\beta^2 - 4\alpha\gamma}}{2\alpha} \tag{3}$$

ここで, $\beta^2 - 4\alpha\gamma$ は複素数である. したがって,

$$\text{複素数の平方根は, やはり複素数である} \tag{4}$$

ということがわかれば, (3) が複素数であることがわかって, 定理が証明されたことになる. そして, (4) は次のようにしてわかる.

$\beta^2 - 4\alpha\gamma$ を極形式で $r(\cos\theta + i\sin\theta)$ と表わし,
$$\delta = \sqrt{r}\left(\cos\frac{\theta}{2} + i\sin\frac{\theta}{2}\right)$$
とおくと,
$$\delta^2 = r(\cos\theta + i\sin\theta) = \beta^2 - 4\alpha\gamma$$
つまり, δ は $\beta^2 - 4\alpha\gamma$ の平方根である.

このように, 実数係数の2次方程式を解くという目的から, 複素数を導入したところ, 複素数を係数とする2次方程式まで解けることになってしまったのである. ところが, これで驚いているようではじまらないのであって, 実は次のような大変な結果がガウス (C. F. Gauss 1777-1855) によって得られている.

定理2 複素数を係数とする n 次方程式は, n 個の複素数の根をもつ. ただし, k 重根は k 個に数えるものとする.

この定理は, 本質的には次の定理に帰着する.

ガ ウ ス

定理3 複素数を係数とする n 次方程式は，少なくとも1つの複素数根をもつ．(いわゆる代数学の基本定理)

定理3の証明は，なかなか難しい．(142ページ，149ページ参照)

しかし，定理3から定理2を導くことは，次のようにやさしい．

証明
$$f(x) = a_0 x^n + a_1 x^{n-1} + \cdots\cdots + a_{n-1} x + a_n$$
$$(a_0, a_1, \cdots\cdots, a_{n-1}, a_n は複素数，a_0 \neq 0)$$

とし，n 次方程式 $f(x) = 0$ を考えると，定理3によってこれには根がある．これを α_1 とすると，$f(\alpha_1) = 0$ だから，代数学における剰余の定理(因数定理)によって，$f(x)$ は $x - \alpha_1$ で割り切れる．

つまり， $$f(x) = (x - \alpha_1) f_1(x) \quad (f_1(x) は n-1 次式)$$

となる．$f_1(x) = 0$ は $n-1$ 次の方程式だから，$n-1 \geqq 1$ である限り，もう一度定理3を使って $f(\alpha_2) = 0$ となる α_2 のあることがわかって，

$$f_1(x) = (x - \alpha_2) f_2(x) \quad (f_2(x) は n-2 次式)$$

このようにして進むと，結局，
$$f(x) = (x - \alpha_1) f_1(x) = (x - \alpha_1)(x - \alpha_2) f_2(x)$$
$$= \cdots\cdots = (x - \alpha_1)(x - \alpha_2)\cdots\cdots(x - \alpha_n) f_n(x)$$

となって $f_n(x)$ は定数 a_0 になる．つまり，
$$f(x) = a_0 (x - \alpha_1)(x - \alpha_2) \cdots\cdots (x - \alpha_n)$$

これによって $f(x) = 0$ には n 個の根 $\alpha_1, \alpha_2, \cdots\cdots, \alpha_n$ のあることがわかる．(証明終)

もともと，2次方程式を解くということから数の範囲を実数から複素数へひろげたのであるが，定理2は，n 次方程式を解くということからは，複素数という数の範囲をひろげる必要のないことを示しているもので，このことを，

　　　複素数の全体は，代数的に閉じている (algebraically closed)

という．

さらにまた，昔の代数の立場からすれば，次のことも複素数が1つの限界であることを示している．それは，1の他に，$i, j, \cdots\cdots, k$ という実数でない数があって，

$$\alpha = a + bi + cj + \cdots\cdots + dk \quad (a, b, c, \cdots\cdots, d は実数) \qquad (5)$$

を考え，これについてふつうの計算法則がすべて成り立つとすると，これは複

素数 $\alpha = a+bi$ ($i^2 = -1$) に帰着することがわかっている．(証明は 188 ページ参照) つまり (5) のような数 (多元数) でふつうの計算法則がすべて成り立つようにしようと思えば，それは複素数しかないので，それ以外に (5) のような数を考えるのには，$\alpha\beta = \beta\alpha$ (交換律) とか，$(\alpha\beta)\gamma = \alpha(\beta\gamma)$ (結合律) といった計算法則の中の少なくとも 1 つを犠牲にしなくてはならないのである．現代の代数学では，そのような数も大いに研究されていて，それらはまた広い応用をもっている．

複素数は，このように代数学の見地から考えられ，19世紀のはじめころからガウス，コーシー (A. L. Cauchy, 1789-1857) などの手によって次第に広く使われるようになっていったのであるが，現代数学において複素数が重要な地位を占めているのには，もう 1 つ大きな理由がある．それは，複素数 z を変数とする関数，たとえば，

コーシー

$$z^n, \qquad \frac{\alpha z+\beta}{\gamma z+\delta} \quad (\alpha, \beta, \gamma, \delta \text{ は定数})$$

$$a_0+a_1z+a_2z^2+a_3z^3+\cdots\cdots \quad (a_0, a_1, a_2, a_3, \cdots\cdots \text{ は定数})$$

というような関数が極めて深い性質をもち，これらの関数を，実数の範囲で考えるときでさえも，複素変数の立場から見ると本質的な理解の得られることが多いのである．こうして，複素数を変数にもつ関数は，関数の研究の中で極めて重要な位置を占めることが 19 世紀を通じて明らかにされ，これが現代に及んでいる．また，この関数は，自然科学の基礎としての数学においても，大変有用で，流体力学や電磁気学などにおいては，絶対に欠かせないものである．

以上の見地から，これから，複素数の基礎の反省からはじめて，複素関数論の要点まで説いていこうと思う．

第1章　複素数の定義

これまでは，高等学校で極めて形式的に導入した複素数で考えてきたのであるが，それだけでは，理論としては十分ではない．ここでは，その反省を行なってみよう．そうすると，

$i^2 = -1$ となる i とは何か

その i を使っての $a+bi$ (a, b は実数) とは何か

　　(とくに，この場合の + の意味)

$a+0i$ は a であるのか

といった疑問がつぎつぎに生まれてくる．これは，

$a+bi$ が理論的に説明されていない

ということによるのである．

複素数を理論的に構成していくのには，いくつかの方法がある．ここでは，3つの方法を述べる．

§1. 整式の剰余類としての定義

われわれは，これまで，複素数 $a+bi$ (a, b 実数) では，

(I) i をふつうの文字のように考えて計算し，i^2 が出てきたら -1 で置きかえてよい

(II) $a+0i = a$ と約束する

といったことで計算してきたわけであるが，このことから，複素数とは一体何であるかを追究し，複素数の定義を考えてみよう．

§1 整式の剰余類としての定義   11

 まず，上の計算の法則 (I) は，次のように考えられる．
 $a+bi$ に対して，$a+bx$ という x の1次または0次の式を対応させて考える．そうすると，
$$a+bi \text{ の加減乗除 と } a+bx \text{ の加減乗除}$$
をくらべてみるとき，そのちがいは，
$$i^2 \text{ が出てきたら } -1 \text{ でおきかえてよい}$$
ということ，つまり，
$$i^2+1=0$$
とすることである．したがって，これは $a+bx$ のような式の計算で，x^2+1 が出てきたら，これを0としてしまうことといえる．このことが正当であるかといえば，$x^2+1=0$ となる x の存在が問題なのであるから，もとへもどる感じである．そこで，もう1つふんばって，
$$x^2+1 \text{ が出てきたら，これを 0 としてよい}$$
などと言わないで，
$$x^2+1 \text{ が出てきたら，これを無視してよい}$$
ということにしてみよう．それは，たとえば，
$$(a+bi)(c+di) = ac+(bc+ad)i+bdi^2$$
$$= (ac-bd)+(bc+ad)i$$
という計算に対して，
$$(a+bx)(c+dx) = ac+(bc+ad)x+bdx^2$$
$$= (ac-bd)+(bc+ad)x+bd(x^2+1)$$
で x^2+1 をとってしまうということになる．そうすれば，これは，
$$x \text{ の整式を } x^2+1 \text{ で割った余りを考える}$$
ことである．
 いま，実数を係数にもつ x の整式
$$f(x) = p_0 x^n + p_1 x^{n-1} + \cdots\cdots + p_{n-1} x + p_n$$
を考え，これを x^2+1 で割ると，余りは必ず1次または0次の式（$a+bx$ の形）

となっている．そこで，x^2+1 で割った余りが $a+bx$ であるような整式全体の集合を $\{a+bx\}$ とかくことにする．つまり，実数を係数とする整式を $f(x)$ とすると，

$$\{a+bx\} = \{f(x) \mid f(x) \text{ を } x^2+1 \text{ で割った余りが } a+bx\}$$

である．これを x^2+1 による剰余類という．たとえば，$\{x\}$ は，

$$x,\ x^2+x+1,\ -x^2+x-1,\ x^3+2x, \cdots\cdots$$

のような整式の集まりである．

いま，$\qquad f(x) \in \{a+bx\}, \qquad g(x) \in \{c+dx\}$

とすれば，

$$f(x) = a+bx+(x^2+1)p(x),\quad g(x) = c+dx+(x^2+1)q(x)$$

$$(p(x), q(x) \text{ は整式})$$

であるから，

$$f(x)+g(x) = (a+c)+(b+d)x+(x^2+1)(p(x)+q(x))$$

となり，$\qquad f(x)+g(x) \in \{(a+c)+(b+d)x\}$

つまり，2つの組 $\{a+bx\}$, $\{c+dx\}$ に属する任意の整式 $f(x)$, $g(x)$ をとって加えると，これは一定の組 $\{(a+c)+(b+d)x\}$ に属する．したがって，これを組同士の加法とみることができる．つまり，

$$\{a+bx\}+\{c+dx\} = \{(a+c)+(b+d)x\} \tag{1}$$

によって左辺の和を定義するのである．

同じように，2つの組の積を $(a+bx)(c+dx)$ の属する組として

$$\{a+bx\}\{c+dx\} = \{(ac-bd)+(ad+bc)x\} \tag{2}$$

によって定義することは，自然である．

例

$\{2+3x\}$
$\begin{pmatrix} 2+3x \\ 3+3x+x^2 \\ 3x-2x^2 \\ \cdots\cdots \end{pmatrix}$
$+$
$\{1-x\}$
$\begin{pmatrix} 1-x \\ 2-x+x^2 \\ 3-x+2x^2 \\ \cdots\cdots \end{pmatrix}$
$=$
$\{3+2x\}$
$\begin{pmatrix} 3+2x \\ 4+2x+x^2 \\ 5+2x+2x^2 \\ \cdots\cdots \end{pmatrix}$

$$\left(\begin{array}{c}\{x\}\\ x\\ x^2+x+1\\ -x^3\\ \cdots\cdots\end{array}\right) \times \left(\begin{array}{c}\{x\}\\ x\\ x^2+x+1\\ -x^3\\ \cdots\cdots\end{array}\right) = \left(\begin{array}{c}\{-1\}\\ -1\\ x^2,\ 2x^2+1\\ x^3+x-1\\ \cdots\cdots\end{array}\right)$$

このように定義された剰余類の加法，乗法について，ふつうの計算法則が成り立つことは，当然である．つまり，

$$A = \{a+bx\}, \quad B = \{c+dx\}, \quad C = \{e+fx\}$$

というようにおくとき，

$$A+B = B+A, \quad (A+B)+C = A+(B+C)$$
$$AB = BA, \quad (AB)C = A(BC)$$
$$A(B+C) = AB+AC$$

これらの成り立つことは，たとえば $(AB)C = A(BC)$ についていうと，$f(x) \in A$, $g(x) \in B$, $h(x) \in C$ のとき，

$$(f(x)g(x))h(x) \in (AB)C, \ f(x)(g(x)h(x)) \in A(BC)$$
$$(f(x)g(x))h(x) = f(x)(g(x)h(x))$$

であることからわかる．

減法と除法については，次のように考えられる．

剰余類の中では，$\{0\}$ が加法についての単位元である．つまり，

$$\{a+bx\}+\{0\} = \{a+bx\}$$

また，$\{a+bx\}$ の逆元 $\{p+qx\}$ は，

$$\{a+bx\}+\{p+qx\} = \{0\}$$

となるものとして，$\{-a-bx\}$ が得られる．これを $-\{a+bx\}$ とかくことにする．そこで差は，

$$\{c+dx\}-\{a+bx\} = \{c+dx\}+[-\{a+bx\}]$$
$$= \{(c-a)+(d-b)x\}$$

として求められる．

また，剰余類では，$\{1\}$ が乗法についての単位元である．つまり，

$$\{a+bx\}\{1\} = \{a+bx\}$$

また，a, b の少なくとも一方が 0 でないとき，与えられた $\{a+bx\}$ に対して，
$$\{a+bx\}\{p+qx\} = \{1\} \tag{3}$$
となる $p+qx$ は，1つ，しかもただ1つあることは，次のようにしてわかる．

12ページ (2) によって，(3) は
$$\{(ap-bq)+(bp+aq)x\} = \{1\}$$
したがって，$\qquad ap-bq = 1, \qquad bp+aq = 0$
これを p, q について解いて，
$$p = \frac{a}{a^2+b^2}, \qquad q = -\frac{b}{a^2+b^2}$$
この $\{p+qx\}$ を $\{a+bx\}$ の逆といって，$\{a+bx\}^{-1}$ で表わす．つまり，
$$\{a+bx\}^{-1} = \left\{\frac{a}{a^2+b^2} - \frac{b}{a^2+b^2}x\right\}$$

$\{a+bx\} \neq \{0\}$ のとき，除法
$$\{c+dx\} \div \{a+bx\}$$
は，$\qquad \{a+bx\}\{p+qx\} = \{c+dx\}$
となる $\{p+qx\}$ を求めることで定義されるが，この $\{p+qx\}$ は，上で求めた $\{a+bx\}^{-1}$ を使って，
$$\{c+dx\}\{a+bx\}^{-1}$$
で与えられる．

このようにして，

  剰余類 $\{a+bx\}$ の全体の中では，加減乗除が自由に行なわれる

ということがわかった．

こうした準備の下で，次の定義をする．

定義 整式の集合 $\{a+bx\}$ を複素数 $a+bi$ と呼ぶ．

つまり，

   複素数とは，実数係数の整式の全体を x^2+1 を基本にして
   分類して作った剰余類の1つ1つのことをいう

とするのである．剰余類の全体を剰余系という．

そうすると，この剰余系では，四則算法が自由に出来ることから，**複素数に**ついても同様で，

　　　　　複素数全体の集合では，四則算法（加減乗除）が自由にできる

つまり，　　　　　複素数全体は，体 (field) をなしている

といえる．（体というのは，四則算法の自由にできる数の集合のことである．）

複素数と実数の関係

これまでは，10ページの (I) をもとにして複素数を構成してきたのであるが，(II) については，まだ考えていない．つまり，これまでのことだけでは，

　　　　　実数は，複素数の特別な場合である

ということには，なっていない．これをどのように考えたらよいであろうか．

剰余類 $\{a+bx\}$ の中で，とくに $b=0$ の場合を考えよう．このときは，$\{a\}$ となって，これは実数の a と1対1に対応する．しかも，この剰余類についての加法，乗法は

$$\{a\}+\{b\}=\{a+b\},\quad \{a\}\{b\}=\{ab\}$$

となっていて，実数としての加法，乗法に対応しているし，

　　　　　加法の単位元は $\{0\}$，　　乗法の単位元は $\{1\}$

と，これらも実数の計算での加法の単位元 0，乗法の単位元 1 に対応している．

いま，複素数の全体を C，実数の全体を R とすると，

　　　　　C は，剰余類 $\{a+bx\}$ の全体

のことであり，その中には，

　　　　　R と加減乗除の算法をふくめて1対1
　　　　　の対応（同型対応 isomorphism）をす
　　　　　る剰余類 $\{a\}$ の集合がふくまれている

ことになる．そこで，この剰余類 $\{a\}$ の全体を，

　　　　　複素数（剰余類）としての実数

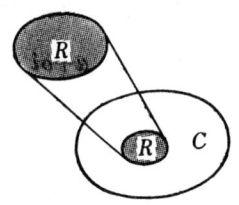

と呼ぶことにする．そして，今後，複素数の範囲で考えるときは，

　　　複素数としての実数と，これまでの実数とは区別して考えない

ことにする．それは，この両者が，加減乗除の関係までふくめて1対1に対応し，その点では同じものとみて差支えないからである．これを，両者の同一化 (identification) という．この立場から

　　　　　　　　実数は複素数の特別な場合である

といえるのである．（以下，**Q**は質問，**A**はその応答とする）

Q. これまで簡単に考えてきた $i^2 = -1$ となる i ということは，理論的にいうと，こんな難しいことになるのですね．驚きました．もっと簡単に言えないのでしょうか．

A. 言えるくらいなら，それをお話ししたでしょう．結局，今までに知っていることから，**常識的には考えられない新しい概念**として出てくる i というようなものを定義しようというのですから，何か高次な考えを持ち出して，その代り，理論上は納得のいく形で話を進めるわけです．

Q. このような考えの進め方は，数学ではよくやるのでしょうか．

A. よくやるというどころか，これは現代数学で理論を構成していく場合の典型的なものといってよいでしょう．

Q. 実数と複素数の関係も，一応わかったように思います．

　　　　　自然数 ⟶ 整数，　整数 ⟶ 有理数，　有理数 ⟶ 実数

というように数の範囲がひろがっていくときも，理論的にはこのように考えていくのでしょうか．

A. そう思ってよいでしょう．

§2. 実数の順序対としての定義

複素数は，$a+bi$ というように，実数 a, b の対として定まるものであるから，この点に注目して理論を立てることもできる．まず，一般的な準備から始めよう．

一般に，2つの集合 X と Y があるとき，X の任意の元 x と，Y の任意の元 y をとり出して (x, y) という組を作る．この組を x, y の順序対 (ordered pair) といい，すべての順序対を要素として考えた集合のことを X, Y の直積 (direct product) といって，$X \times Y$ とかく．

たとえば，トランプのカード 52 枚は，
$$X = \{クラブ, スペード, ダイヤ, ハート\}$$
$$Y = \{1, 2, 3, 4, 5, 6, 7, 8, 9, 10, J, Q, K\}$$
としたときの X, Y の直積 $X \times Y$ に当るものである．

X と Y は同じ集合でもかまわない．

いま，R を実数全体の集合とし，2 つの R の直積集合 $R \times R$ を考えよう．これは，
$$\alpha = (a, b) \qquad (a, b \text{ は任意の実数})$$
という 2 つの実数の順序対からなる集合である．

この $R \times R$ の中で，2 つの要素の加法と乗法を，
$\alpha = (a, b), \ \beta = (c, d)$ のとき
$$\alpha + \beta = (a+c, b+d) \tag{1}$$
$$\alpha\beta = (ac-bd, ad+bc) \tag{2}$$
ということによって定義すると，$R \times R$ の要素 α, β, γ について，
$$\alpha + \beta = \beta + \alpha, \quad (\alpha+\beta)+\gamma = \alpha+(\beta+\gamma)$$
$$\alpha\beta = \beta\alpha, \quad (\alpha\beta)\gamma = \alpha(\beta\gamma),$$
$$\alpha(\beta+\gamma) = \alpha\beta+\alpha\gamma$$
というふつうの計算法則がすべて成り立つことを，いちいち確かめることができる．

さらに，$\alpha = (a, b), \ \beta = (c, d)$ に対して，
$$\alpha + \gamma = \beta \ \text{となる} \ \gamma \ \text{として}, \quad \gamma = (c-a, d-b)$$
がきまる．これを減法 $\beta - \alpha$ と定める．

また，$\alpha = (a, b) \neq (0, 0)$ のとき，
$$\alpha\delta = \beta \ \text{となる} \ \delta \ \text{として}, \quad \delta = \left(\frac{ac+bd}{a^2+b^2}, \frac{ad-bc}{a^2+b^2}\right)$$
がきまる．これを除法 $\dfrac{\beta}{\alpha}$ と定める．

第1章 複素数の定義

さらに，この場合，(1) によれば，
$$(a,b)+(0,0) = (a,b)$$
であるから，加法の単位元は $(0,0)$ であり，(2) によれば
$$(a,b)(1,0) = (a,b)$$
であるから，乗法の単位元は $(1,0)$ である．

つぎに，(1) によれば，
$$(a,b) = (a,0)+(0,b)$$
(2) によれば，
$$(0,b) = (b,0)(0,1)$$
したがって，
$$(a,b) = (a,0)+(b,0)(0,1) \tag{3}$$
そして (2) によれば，
$$(0,1)(0,1) = (-1,0) \tag{4}$$
そこで，複素数を次のように定義する．

定義 加法，乗法が (1)(2) で定義された実数の直積集合 $R \times R$ の元を複素数という．

つぎに，実数と複素数の関係については，$R \times R$ の部分集合
$$\widetilde{R} = \{(a,0) \mid a \in R\} \tag{5}$$
を考えると，(1)(2) によって
$$(a,0)+(b,0) = (a+b,0), \quad (a,0)(b,0) = (ab,0)$$
であることから，
$$(a,0) \longrightarrow a$$
という (5) と R との1対1の対応では，和，積の関係が保存されている．その意味で $\widetilde{R}$ と R を同じものと考えることにする．(16 ページの同一化)．そこで，実数は複素数の特別な場合であることになる．

この立場から，$(a,0)$, $(b,0)$ を a,b で表わし，
$$(0,1) = i$$

とかくことにすると，(3),(4) が
$$(a,b) = a+bi, \qquad i^2 = -1$$
ということになる．

Q. この定義ですと，(1)(2)はひどく天降りですが，あとは割合に，わかりやすいですね．しかし，このような計算法則をもった複素数というものが，矛盾のない体系として存在するということは，どうしてわかるのですか．

A. このやり方は，昔から広く行なわれているのですが，これだけでは，そうしたものが実際に存在しうるのだという積極的な保証はありません．その点，剰余系による定義の方が，すぐれているのではないかと思われます．

複素数と大小関係

ふつうよく，「複素数では大小は考えられない」と言うが，その内容は正確に理解しておかなくてはならない．まず，複素数 $a+bi$ は2つの実数 a,b できまるから，2つの実数全体の集合 R の直積 $R\times R$ の元とみられることは，上に示した通りである．

$R\times R$ の中では，次のような順序関係を考えることができる．

$R\times R$ の元 $\alpha = (a,b)$, $\beta = (c,d)$ について，
$$\alpha < \beta \qquad (\beta > \alpha)$$
というのは，次のどちらかが成り立つことであるとする．

(i) $a < c$ (ii) $a = c$ で，$b < d$

この定義によると，$R\times R$ の元 α, β, γ について，次のことが成り立つことは，たやすくわかる．

(1) 任意の α, β について，次のどれか1つだけが必ず成り立つ．
$$\alpha < \beta, \quad \alpha > \beta, \quad \alpha = \beta$$

(2) $\alpha > \beta$, $\beta > \gamma$ ならば，$\alpha > \gamma$

$\alpha > \beta$ または $\alpha = \beta$ であることを，$\alpha \geqq \beta$ で表わすと，(1) から
$$\alpha \geqq \beta, \ \beta \geqq \alpha \ ならば，\ \alpha = \beta$$
であることは，すぐにわかる．

上の (i)(ii) できまる大小関係は，$R\times R$ における辞書式の順序関係といわ

れる.

この大小関係は，(a,b) をこれを直角座標にもつ点で表わすことにすると，2つの点について，

　　右にある方が大きい

　　左右が同じなら，上方にある方が大きい

といえる.

このような意味では，複素数で大小関係が考えられる.

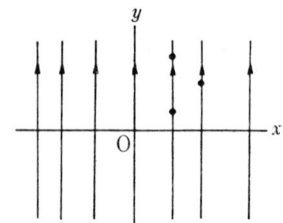

しかし，実数としての大小や，

$$a>0,\ b>0\ ならば,\ ab>0$$
$$a<0,\ b<0\ ならば,\ ab>0$$

のような関係を保っては，複素数での大小は考えられない．それは，上のことから，

$$a\neq 0\ ならば\quad a^2>0$$

ということが出てくるが，これを i について適用すると，

$$i^2>0,\qquad -1>0$$

となって，実数での大小関係が乱れてくるのである．つまり，

　　実数での大小関係や，乗法についての大小関係を保ったままで，

　　複素数の中での大小関係を考えることはできない

のである.

§3. 行列による定義

行列（マトリックス matrix）というのは，何行何列かの数のならびのことで，

$$\begin{pmatrix}a\\b\end{pmatrix},\quad (x\ y),\quad \begin{pmatrix}a&b\\c&d\end{pmatrix}$$

をそれぞれ2行1列，1行2列，2行2列の行列という.

2行1列の行列については，これに数 k をかけること，および和を

$$k\begin{pmatrix}a\\b\end{pmatrix}=\begin{pmatrix}ka\\kb\end{pmatrix}, \quad \begin{pmatrix}a\\b\end{pmatrix}+\begin{pmatrix}c\\d\end{pmatrix}=\begin{pmatrix}a+c\\b+d\end{pmatrix}$$

によって定義する．また，2行2列の行列についても，

$$k\begin{pmatrix}a&b\\c&d\end{pmatrix}=\begin{pmatrix}ka&kb\\kc&kd\end{pmatrix}$$

$$\begin{pmatrix}a&b\\c&d\end{pmatrix}+\begin{pmatrix}a'&b'\\c'&d'\end{pmatrix}=\begin{pmatrix}a+a'&b+b'\\c+c'&d+d'\end{pmatrix}$$

によって，k倍と和を定義する．

さらに，積については，

$$\begin{pmatrix}a&b\\c&d\end{pmatrix}\begin{pmatrix}x\\y\end{pmatrix}=\begin{pmatrix}ax+by\\cx+dy\end{pmatrix}$$

$$\begin{pmatrix}a&b\\c&d\end{pmatrix}\begin{pmatrix}p&q\\r&s\end{pmatrix}=\begin{pmatrix}ap+br&aq+bs\\cp+dr&cq+ds\end{pmatrix} \tag{1}$$

などを定義とする．

そこで，いま，$x+yi$（x,yは実数）という複素数を，2行1列の行列 $\begin{pmatrix}x\\y\end{pmatrix}$ で表わすことにすると，

iを$x+yi$にかけると，$i(x+yi)=-y+ix$ となる

ということは，

$$\begin{pmatrix}x\\y\end{pmatrix} を \begin{pmatrix}-y\\x\end{pmatrix} に変える$$

ことで，これを行列の積で表わすと，

$$\begin{pmatrix}0&-1\\1&0\end{pmatrix}\begin{pmatrix}x\\y\end{pmatrix}=\begin{pmatrix}-y\\x\end{pmatrix}$$

となる．したがって，iを$x+yi$にかけることは，

$$\begin{pmatrix}0&-1\\1&0\end{pmatrix} を \begin{pmatrix}x\\y\end{pmatrix} にかける$$

ことに当る．また，1を$x+yi$にかけることは，

$$\begin{pmatrix}1&0\\0&1\end{pmatrix} を \begin{pmatrix}x\\y\end{pmatrix} にかける$$

ことに相当する.

そこで，少し大胆であるが，

$$a+bi \longrightarrow a\begin{pmatrix}1 & 0 \\ 0 & 1\end{pmatrix}+b\begin{pmatrix}0 & -1 \\ 1 & 0\end{pmatrix}$$

という対応を考えて，この行列を考えてみる．そして，

$$E=\begin{pmatrix}1 & 0 \\ 0 & 1\end{pmatrix}, \quad I=\begin{pmatrix}0 & -1 \\ 1 & 0\end{pmatrix} \tag{2}$$

とおくと，

$$a+bi \longrightarrow aE+bI=\begin{pmatrix}a & -b \\ b & a\end{pmatrix}$$

という対応が得られる．しかも，積の定義(1)によると，

$$II=\begin{pmatrix}0 & -1 \\ 1 & 0\end{pmatrix}\begin{pmatrix}0 & -1 \\ 1 & 0\end{pmatrix}=\begin{pmatrix}-1 & 0 \\ 0 & -1\end{pmatrix}$$

となって，

$$I^2=-E$$

そこで，次のような行列による複素数の定義が得られる．

定義 a,b を任意の実数とし，E,I を (2) によって定めるとき，行列 $aE+bI$ を複素数という．

一般に，行列に数をかけること，行列の和,積について次の計算法則が成り立つ．

$$A+B=B+A, \quad (A+B)+C=A+(B+C)$$
$$k(A+B)=kA+kB, \quad (k+l)A=kA+lA$$
$$k(lA)=(kl)A, \quad 1 \cdot A=A$$
$$(kA)(lB)=klAB$$
$$A(B+C)=AB+AC, \quad (B+C)A=BA+CA$$

これらによって，複素数の和と積について，

$$(aE+bI)+(cE+dI)=(a+c)E+(b+d)I$$

$$(aE+bI)(cE+dI)$$
$$= acE^2+bcIE+adEI+bdI^2$$
$$= (ac-bd)E+(bc+ad)I$$

複素数 $aE+bI$ の中で $b=0$ となるもの aE は，
$$aE \longleftrightarrow a$$
という対応によって，和，積までふくめて実数 a と 1 対 1 に対応する．(同型対応)

そこで，aE を実数 a と同一化して考えれば，
$$\text{実数は複素数にふくまれる}$$
ことになる．

§4. 複素数の共役

複素数 $a+bi$ (a,b 実数) において $b \neq 0$ のとき虚数，$a=0, b \neq 0$ のとき純虚数という．また，$z=a+bi$ とおくとき，

a を z の実数部分といって，$Re(z)$
b を z の虚数部分 (の係数) といって，$Im(z)$

とかく．

実数を係数とする 2 次方程式が虚根をもつとき，それらの根は
$$a+bi, \quad a-bi \tag{1}$$
となっている．たとえば，
$$x^2+x+1=0 \text{ の根は}, \quad x=\frac{-1\pm\sqrt{3}\,i}{2}=-\frac{1}{2}\pm\frac{\sqrt{3}}{2}i$$

(1) の形の 2 つの複素数は共役 (conjugate) であるといい，
$$\alpha=a+bi$$
に対して，その共役の複素数 $a-bi$ を
$$\bar{\alpha}=a-bi$$
で表わす．$\bar{\alpha}=a-bi$ の共役は，$a-(-b)i=a+bi$ であるから，

$$\overline{(\bar{\alpha})} = \alpha$$

となる．だから，$\alpha, \bar{\alpha}$ はたがいに共役であるといってよい．

また，$\qquad a$ が実数のとき，$\bar{a} = a \qquad$ (2)

$$\alpha + \bar{\alpha}, \quad \alpha\bar{\alpha} \text{ は実数}$$

ということも，定義から明らかである．

四則計算と共役の関係については，次のことが成り立つ．

定理 1 複素数 α, β について，

$$\overline{\alpha + \beta} = \bar{\alpha} + \bar{\beta}, \qquad \overline{\alpha\beta} = \bar{\alpha}\bar{\beta}$$

証明 直接に，$\alpha = a + bi$，$\beta = c + di$ (a, b, c, d は実数) とおいて計算してみればわかる．

しかし，共役をとる算法 $a + bi \longrightarrow a - bi$ は，i を $-i$ でおきかえることであるから，複素数の計算法則 $a + bi$ を $a + bx$ のように考えて計算し，i^2 が出てきたら -1 でおきかえてもよいということからも，すぐにわかる．

定理 1 と (2) によって

$$k \text{ が実数のとき，} \quad \overline{k\alpha} = k\bar{\alpha}$$

また，$\qquad \overline{\alpha - \beta} = \overline{\alpha + (-1)\beta} = \bar{\alpha} + (-1)\bar{\beta} = \bar{\alpha} - \bar{\beta}$

さらに，$\qquad \gamma = \dfrac{\beta}{\alpha}$

については，$\qquad \beta = \alpha\gamma, \quad \bar{\beta} = \bar{\alpha}\bar{\gamma}, \qquad$ ゆえに $\quad \bar{\gamma} = \dfrac{\bar{\beta}}{\bar{\alpha}}$

したがって，$\qquad \overline{\left(\dfrac{\beta}{\alpha}\right)} = \dfrac{\bar{\beta}}{\bar{\alpha}}$

これらの考察から，

> いくつかの複素数に四則算法を行なってできる複素数の共役は，はじめの各複素数の共役に同じ四則算法を行なってできる複素数に等しい

ことがわかる．

このことはまた，次のようにもいえる．

複素数全体の集合を C とし，その中で
$$\alpha = a+bi \longrightarrow \bar{\alpha} = a-bi$$
という対応を考えると，これは C のそれ自身の上への1対1の対応（これを全単射という）で，

(i) 和には和，積には積が対応する．つまり，
$$\alpha+\beta \longrightarrow \bar{\alpha}+\bar{\beta}, \quad \alpha\beta \longrightarrow \bar{\alpha}\bar{\beta}$$

(ii) 実数には，同じ実数が対応する．つまり，
$$a \text{ が実数のときは，} \quad a \longrightarrow a$$

積のことを繰返して考えると， $\overline{\alpha^n} = (\bar{\alpha})^n$ （n は自然数）

また，$\dfrac{\beta}{\alpha} \longrightarrow \dfrac{\bar{\beta}}{\bar{\alpha}}$ であることは，(i)(ii)から次のようにして導いてもよい．

$\gamma = \dfrac{1}{\alpha}$ とおくと，$\alpha\gamma = 1 \longrightarrow \bar{\alpha}\bar{\gamma} = 1$ となり，$\dfrac{1}{\alpha} \longrightarrow \dfrac{1}{\bar{\alpha}}$

したがって， $\dfrac{\beta}{\alpha} = \dfrac{1}{\alpha}\beta \longrightarrow \dfrac{1}{\bar{\alpha}} \cdot \bar{\beta} = \dfrac{\bar{\beta}}{\bar{\alpha}}$

例題 実数を係数とする x の n 次式
$$f(x) = a_0 x^n + a_1 x^{n-1} + \cdots\cdots + a_n$$
があるとき，方程式 $f(x) = 0$ が虚根 α をもてば，$\bar{\alpha}$ も根である．

証明 $f(\alpha)$ の共役複素数は，$f(\bar{\alpha})$ である．つまり，
$$\overline{f(\alpha)} = \overline{a_0\alpha^n + \cdots\cdots + a_n} = \overline{a_0\alpha^n} + \cdots\cdots + \overline{a_n}$$
$$= \overline{a_0}(\bar{\alpha})^n + \cdots\cdots + \overline{a_n} = a_0(\bar{\alpha})^n + \cdots\cdots + a_n = f(\bar{\alpha})$$

ところが，$f(\alpha) = 0$ だから， $f(\bar{\alpha}) = 0$

注 このことから，

　　　実数を係数とする3次方程式は，少なくとも1つの実根をもつ

ことが証明される．さらに一般に，このことは奇数次の方程式でも成り立つ．

Q. 共役というのは，共軛とかいた本もありますね．どうちがうのでしょうか．

A. 昔はみなそうかいたのです．軛という字は，もともと車の"くび木"というので，2つずつ対（つい）になっているものだそうです．軛という字を，平易な役におきかえたのです．だから，共役というのは特殊な用語でなく，単に"ついになっている"という意味なのです．楕円などでも，共役直径というのが出てきますね．

問題 1　　　　（答は p.195）

1. 次の複素数は，整式の剰余系による複素数の定義では何に当るか．また，行列による定義ではどうか．

　　(1)　2　　　(2)　3i　　　(3)　$\dfrac{1+\sqrt{3}\,i}{2}$

2. 2つの複素数 α, β で，$\alpha\beta = 0$ のとき，$\alpha = 0$ または $\beta = 0$ であることを，逆数を使わないで証明せよ．

3. 2つの複素数の和も積も実数のとき，この2つは実数であるか．

4. 任意の複素数 z に，1つの複素数 $f(z)$ が対応するとき，次の関係があれば，$f(z) = \bar{z}$ であることを示せ．

　　(1)　任意の複素数 z_1, z_2 について，
$$f(z_1+z_2) = f(z_1)+f(z_2), \qquad f(z_1 z_2) = f(z_1)f(z_2)$$
　　(2)　k が実数のとき　　$f(kz) = kf(z)$
　　(3)　$f(z) \neq z$，　$z \neq 0$ のとき $f(z) \neq 0$

第2章 複素数と複素平面

複素数 $a+bi$ (a,b は実数) は，2つの数 a,b の順序対 (a,b) できまるので，これを直角座標にもつ点で表わすことができる．このような点の場として考えられた平面が複素平面 (数平面ともいう) である．これはまた，ガウスの平面，コーシーの平面などともいう．

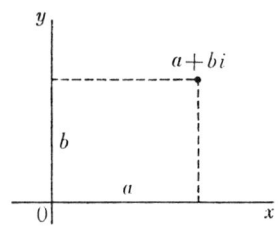

この平面の上で，複素数の四則がどのように表わされるかということは，高等学校で学んでいる．ここでは，それを復習し，さらに深い性質を追っていくことにしよう．

§1. 複素数の和と差

はじめに，有向線分とベクトルのことを述べておこう．

直角座標を考えた平面の上で，向きのついた線分 (有向線分) を考える．このとき，次のことが基本事項である．

点 (x_1, y_1) から点 (x_2, y_2) へいたる有向線分の x 軸方向，y 軸方向への直角成分は，

$$x_2-x_1, \quad y_2-y_1$$

である．

また，方向も大きさも同じであるような有向

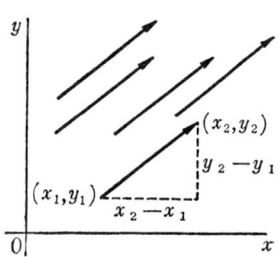

線分（等しい有向線分という）の全体をひとまとめにしたものが，矢線ベクトル（単にベクトルともいう）である．等しい有向線分では直角成分が同じであるから，ベクトルの直角成分ということをいってもよいわけである．

複素数 $\quad z = x+yi \quad (x, y$ は実数$)$

は，複素平面上では直角座標が (x, y) の点で表わされる．この点のことを，単に，点 z と呼ぶことにする．

いま，2つの複素数 z_1, z_2 の和を z とする．$z = z_1+z_2$ において，

$z = x+yi, z_1 = x_1+y_1 i, \; z_2 = x_2+y_2 i \quad (x, y, x_1, y_1, x_2, y_2$ は実数$)$

とおくと，$\quad\quad\quad x = x_1+x_2, \quad y = y_1+y_2$

したがって，$\quad\quad x-x_2 = x_1, \quad y-y_2 = y_1$

これから，次のことが言える．

定理1 複素平面上で，点 z_2 から点 z_1+z_2 へいたる有向線分は，点 0 から点 z_1 へいたる有向線分に等しい．

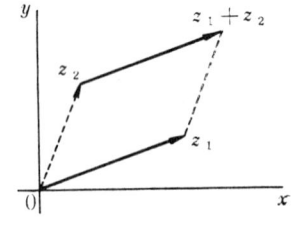

このことは，また次のようにもいえる．

点 $0, z_1, z_2$ が1直線上にないときは，点 z_1+z_2 は，点 0 から点 z_1 へいたる線分と，点 0 から点 z_2 へいたる線分とを2つの辺にもつ平行四辺形の第4の頂点である．

つぎに，$z = z_2-z_1$ のときは，$z_2 = z+z_1$ となるから，定理1によって次のことがいえる．

定理2 点 z_1 から点 z_2 へいたる有向線分は，点 0 から点 z_2-z_1 へいたる有向線分に等しい．

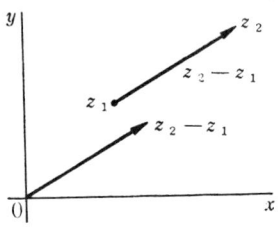

だから，複素数 z_2-z_1 は点 z_1 から点 z_2 へいたる有向線分の属するベクトルを表わすものとみてよい．

定理3 点 z_1 から点 z_2 へいたる線分を $m:n$ の比に分ける点は，$\dfrac{nz_1+mz_2}{m+n}$

とくに中点は，$\dfrac{z_1+z_2}{2}$

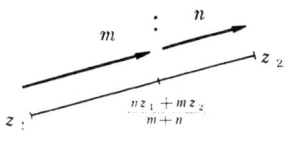

証明は，定理2を使えば容易にできる．

例題 3点 z_1, z_2, z_3 を頂点とする三角形の重心は，$\dfrac{z_1+z_2+z_3}{3}$ で表わされる．

証明 点 z_2, z_3 の中点は，$w=\dfrac{z_2+z_3}{2}$

この三角形の重心は，点 z_1 から点 w へいたる線分を $2:1$ の比に分ける点だから，これを表わす複素数は，

$$\dfrac{1\times z_1+2\times \dfrac{z_2+z_3}{2}}{2+1}=\dfrac{z_1+z_2+z_3}{3}$$

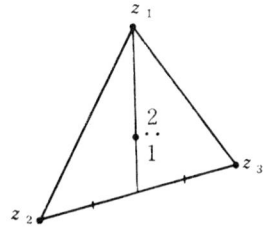

注 これは，3点 z_1, z_2, z_3 に同じ質量がかかっているときの重心で，むしろ3点 z_1, z_2, z_3 の重心と呼ぶべきものである．一般に，これらの点に k, l, m の質量がかかっているときの重心は，$\dfrac{kz_1+lz_2+mz_3}{k+l+m}$ で表わされる．

つぎに，容易にわかるように，

> 複素数 z と，その共役 $\bar{z}$ を表わす2つの点は，実軸(実数軸)について対称

である．だから，25ページ例題を参照すれば，

> 実数係数の n 次方程式の根を複素平面上に図示すると，これは実軸について対称にならんでいる

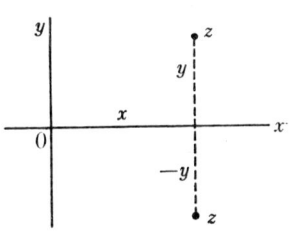

といえる．

Q. 複素数の和や差の図示は，ベクトルの和や差になっているのですね．例題なども2次元のベクトルで学んでいます．とくに複素数の場合に，ちがった点があるのですか．

A. 要するに，複素数は和や差や実数をかけることについては，2次元のベクトルとして特別なことはないわけです．次の節の積や商のことになると，そこで複素数独得のこ

とになるのです.

§2. 複素数の絶対値と偏角

複素数 $z = x + yi$ を複素平面上で点 (x, y) で表わすとき，この点の極座標を (r, θ) とすれば，
$$x = r\cos\theta, \quad y = r\sin\theta$$
である．ここで，$r \geqq 0$ としておく．

したがって，
$$z = r(\cos\theta + i\sin\theta)$$
これが，複素数の極形式で，r を z の絶対値といって $|z|$ で表わし，θ を z の偏角といって $\angle(z)$，$\arg z$ で表わす．

このとき，$\quad |z| = \sqrt{x^2 + y^2}, \quad \tan \angle(z) = \dfrac{y}{x}$

また，$\quad |z| = \sqrt{z\bar{z}}$

たとえば，$\quad 1 + i = \sqrt{2}\left(\cos\dfrac{\pi}{4} + i\sin\dfrac{\pi}{4}\right)$

だから，$\quad |1+i| = \sqrt{2}, \quad \angle(1+i) = \dfrac{\pi}{4}$

偏角は，2π の整数倍を自由に加減してよい．たとえば，$\angle(1+i) = -\dfrac{7\pi}{4}$ としてもよい．

定理4 $\quad |z_1 z_2| = |z_1| \cdot |z_2|, \quad \angle(z_1 z_2) = \angle(z_1) + \angle(z_2)$

$\quad\quad\quad \dfrac{|z_2|}{|z_1|} = \dfrac{|z_2|}{|z_1|}, \quad \angle\left(\dfrac{z_2}{z_1}\right) = \angle(z_2) - \angle(z_1)$

証明 z_1, z_2 を極形式で表わして，
$$z_1 = r_1(\cos\theta_1 + i\sin\theta_1), \quad z_2 = r_2(\cos\theta_2 + i\sin\theta_2)$$
とおくと，
$$z_1 z_2 = r_1 r_2\{(\cos\theta_1\cos\theta_2 - \sin\theta_1\sin\theta_2) + i(\cos\theta_1\sin\theta_2 + \sin\theta_1\cos\theta_2)\}$$
三角関数の加法定理によって，
$$z_1 z_2 = r_1 r_2\{\cos(\theta_1 + \theta_2) + i\sin(\theta_1 + \theta_2)\}$$

したがって，
$$|z_1 z_2| = r_1 r_2 = |z_1| \cdot |z_2|$$
$$\angle(z_1 z_2) = \theta_1 + \theta_2 = \angle(z_1) + \angle(z_2)$$

つぎに，$z = \dfrac{z_2}{z_1}$ とおくと，$z_2 = z z_1$ だから，上の結果から，
$$|z_2| = |z| \cdot |z_1|, \quad \angle(z_2) = \angle(z) + \angle(z_1)$$

ゆえに，
$$|z| = \left|\dfrac{z_2}{z_1}\right| = \dfrac{|z_2|}{|z_1|}, \quad \angle(z) = \angle\left(\dfrac{z_2}{z_1}\right) = \angle(z_2) - (z_1)$$

注 偏角だけでいうと
$$(\cos\theta_1 + i\sin\theta_1)(\cos\theta_2 + i\sin\theta_2) = \cos(\theta_1 + \theta_2) + i\sin(\theta_1 + \theta_2)$$

Q. 複素数 z が与えられても，偏角 $\angle(z)$ は一通りにはきまりませんね．偏角の1つを θ とすると，一般の偏角は $\theta + 2\pi n$（n は任意の整数）ですね．このようなとき，
$$\angle(z_1 z_2) = \angle(z_1) + \angle(z_2)$$
はどう解釈したらよいのですか．

A. それは，偏角の場合は，2π の整数倍というものを無視して考えてよいわけです．そこで，この等式は，$z_1 z_2, z_1, z_2$ の任意の偏角をそれぞれ $\theta, \theta_1, \theta_2$ とするとき，
$$\theta \equiv \theta_1 + \theta_2 \pmod{2\pi}$$
つまり，$\theta - (\theta_1 + \theta_2)$ が 2π の整数倍とみてもよいし，

$z_1 z_2$ の偏角の全体は，z_1, z_2 の任意の偏角を加えたものの全体と一致する

といってもよいわけです．

定理5  $|z_1 + z_2| \leqq |z_1| + |z_2|$ (1)

等号の成り立つのは，次のどれかの場合である．

(i) $z_1 = 0$ (ii) $z_2 = 0$
(iii) $\dfrac{z_2}{z_1}$ が正の実数

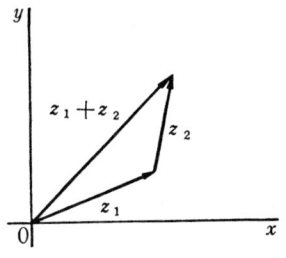

証明 図から明らかである．

(1) よりももっと一般に，
$$|z_1 + z_2 + \cdots\cdots + z_n| \leqq |z_1| + |z_2| + \cdots\cdots + |z_n|$$
また，(1) で z_1 の代わりに $z_1 - z_2$ とおくと，
$$|z_1 - z_2| \geqq |z_1| - |z_2|$$

32 第2章 複素数と複素平面

注 (1)で $z_1 = x_1+y_1 i$, $z_2 = x_2+y_2 i$ とおくと,
$$\sqrt{(x_1+x_2)^2+(y_1+y_2)^2} \leqq \sqrt{x_1^2+y_1^2}+\sqrt{x_2^2+y_2^2} \tag{2}$$
これを直接に証明するには,次のようにすればよい.
(2)の右辺の2乗から左辺の2乗をひくと,
$$(\sqrt{x_1^2+y_1^2}+\sqrt{x_2^2+y_2^2})^2-\{(x_1+x_2)^2+(y_1+y_2)^2\}$$
$$= 2\{\sqrt{x_1^2+y_1^2}\sqrt{x_2^2+y_2^2}-(x_1x_2+y_1y_2)\} \tag{3}$$
さらに, $(x_1^2+y_1^2)(x_2^2+y_2^2)-(x_1x_2+y_1y_2)^2 = (x_1y_2-x_2y_1)^2 \geqq 0$ (4)
したがって,(3)の式は $\geqq 0$ となり(2)が成り立つ.
 (2)で等号になるのは,(3)が0になることと同値である.このときは(4)も等号で,
$$x_1 = 0,\ y_1 = 0 \quad \text{または,}\quad \frac{x_2}{x_1} = \frac{y_2}{y_1}\ (= k\ \text{とおく})$$
前のときは,$z_1 = 0$. あとのときは(3)が0となることから $k \geqq 0$. したがって $z_2 = 0$ または $\frac{z_2}{z_1}$ が正の実数.

例題 $|a|+|b| < 1$ のとき,z の2次方程式
$$z^2+az+b = 0$$
の2つの根の絶対値は,ともに1より小さいことを証明せよ.

証明 $|z| \geqq 1$ とすれば,次のように矛盾が導かれる.
$$|z^2+az+b| = |z(z+a)+b| \geqq |z(z+a)|-|b|$$
ここで,
$$|z(z+a)| = |z|\cdot|z+a| \geqq |z+a| \geqq |z|-|a| \geqq 1-|a|$$
したがって, $|z^2+az+b| \geqq 1-|a|-|b| > 0$
つまり,$z^2+az+b = 0$ には $|z| \geqq 1$ となる根はない.
したがって根の絶対値は1より小さい.

注 次のようにしても証明できる.$|z| \geqq 1$ とすると,$z^2+az+b = 0$ から,
$$z = -a-\frac{b}{z}$$
だから
$$|z| = \left|a+\frac{b}{z}\right| \leqq |a|+\frac{|b|}{|z|} \leqq |a|+|b| < 1$$
これは $|z| \geqq 1$ に矛盾する.

$e^{i\theta}$ という記号

まず，
$$(\cos\theta_1 + i\sin\theta_1)(\cos\theta_2 + i\sin\theta_2) = \cos(\theta_1+\theta_2) + i\sin(\theta_1+\theta_2) \quad (1)$$
という関係に注目しよう．いま，
$$f(\theta) = \cos\theta + i\sin\theta$$
とおくと，上の式は，
$$f(\theta_1)f(\theta_2) = f(\theta_1+\theta_2)$$
とかける．ところが，よく知っているように，$g(x) = a^x$ とおくと，$a^x a^y = a^{x+y}$ だから，
$$g(x)g(y) = g(x+y)$$

このように，$f(\theta)$ は指数関数と同じような関係式をみたしている．そこで，$f(\theta)$ を表わすのに，何か便利な記号はないであろうか．実は，それが $e^{i\theta}$ という記号で，これを
$$e^{i\theta} = \cos\theta + i\sin\theta \quad (2)$$
によって定義すると，(1) は次のようになる．
$$e^{i\theta_1}e^{i\theta_2} = e^{i(\theta_1+\theta_2)}$$

Q. この場合，(2) は $e^{i\theta}$ の定義であって，そうなるというのではありませんね．

A. そうです．しかし，この式が極めて自然なものであることは，いろいろな点で明らかになってきます．たとえば，微分学での定理によると，
$$e^x = 1 + x + \frac{x^2}{2!} + \frac{x^3}{3!} + \frac{x^4}{4!} + \frac{x^5}{5!} + \cdots \quad (3)$$
$$\cos x = 1 - \frac{x^2}{2!} + \frac{x^4}{4!} - \cdots, \quad \sin x = x - \frac{x^3}{3!} + \frac{x^5}{5!} - \cdots$$
となることはよく知られていますが，(3) の x の所へ $i\theta$ とおいて形式的な整理を行なってみますと，
$$e^{i\theta} = 1 + (i\theta) + \frac{1}{2!}(i\theta)^2 + \frac{1}{3!}(i\theta)^3 + \frac{1}{4!}(i\theta)^4 + \cdots$$
$$= \left(1 - \frac{1}{2!}\theta^2 + \frac{1}{4!}\theta^4 - \cdots\right) + i\left(\theta - \frac{1}{3!}\theta^3 + \frac{1}{5!}\theta^5 - \cdots\right)$$
となって (2) が出てきます．

Q. これは厳密に証明したのでなく，形の上でそうなるというのですね．
A. その通りです．しかし，(2)が有用なことは，あとからもまたいろいろと出てきます．

記号 $e^{i\theta}(=e^{\theta i})$ を使うと，複素数 z の極形式は，
$$z = re^{i\theta}$$
とかけるわけである．そして，
$$e^{2\pi i} = 1, \quad e^{\frac{\pi}{2}i} = i, \quad 1+i = \sqrt{2}\,e^{\frac{\pi}{4}i}$$
また，$\qquad\qquad\qquad z = re^{i\theta}$ のとき，$\bar{z} = re^{-i\theta}$
さらに，$\qquad\qquad e^{ix} = \cos x + i\sin x, \quad e^{-ix} = \cos x - i\sin x$
から，次の結果が得られる．

定理6 $\qquad\displaystyle \cos x = \frac{e^{ix}+e^{-ix}}{2}, \quad \sin x = \frac{e^{ix}-e^{-ix}}{2i}$

また，乗法については，前に述べたこともも一度かくと，

定理7 $\qquad e^{ix}e^{iy} = e^{i(x+y)}, \quad (e^{ix})^n = e^{inx} \quad (n\text{ は整数})$

証明 前の方は前ページの (1) である．
あとの $(e^{ix})^n = e^{inx}$ は，n が自然数のときは数学的帰納法によって容易に示される．n が負の整数のときは，$n = -m$ (m は自然数) とおいて考えると，
$$e^{ix}e^{-ix} = e^{i(x-x)} = e^0 = 1, \quad e^{-ix} = \frac{1}{e^{ix}}$$
であることから，
$$(e^{ix})^n = (e^{ix})^{-m} = \frac{1}{(e^{ix})^m} = \frac{1}{e^{imx}} = e^{-imx} = e^{inx}$$
$n = 0$ のときは明らかである．

注 $(e^{ix})^n = e^{inx}$ は，
$$(\cos x + i\sin x)^n = \cos nx + i\sin nx$$
と書くことができる．これをド・モアブル (de Moivre) の定理という．

この式で $n = 2$, $x = \theta$ とおいて，左辺を展開すると，
$$(\cos^2\theta - \sin^2\theta) + 2i\sin\theta\cos\theta = \cos 2\theta + i\sin 2\theta$$
両辺の実数部，虚数部をくらべて，

$$\cos 2\theta = \cos^2\theta - \sin^2\theta, \quad \sin 2\theta = 2\sin\theta\cos\theta$$

同じように，$n=3$ とおいて

$$\cos 3\theta = \cos^3\theta - 3\cos\theta\sin^2\theta = 4\cos^3\theta - 3\cos\theta$$
$$\sin 3\theta = 3\sin\theta\cos^2\theta - \sin^3\theta = 3\sin\theta - 4\sin^3\theta$$

一般の自然数 n については，二項定理を使って，

$$\cos n\theta = \cos^n\theta - {}_nC_2\cos^{n-2}\theta\sin^2\theta + {}_nC_4\cos^{n-4}\theta\sin^4\theta - \cdots$$
$$\sin n\theta = {}_nC_1\sin\theta\cos^{n-1}\theta - {}_nC_3\sin^3\theta\cos^{n-3}\theta + \cdots$$

この式からわかるように，

$$\cos n\theta \text{ は，つねに } \cos\theta \text{ の整式で表わせる}$$

のに対して，$\sin n\theta$ では，n が奇数のときに限って，これが可能である．

例題 1 次の等式を証明せよ．

$$e^{i\alpha} + e^{i\beta} = 2\cos\frac{\alpha-\beta}{2}e^{i\frac{\alpha+\beta}{2}}$$

証明 右辺から左辺を導いてみよう．定理6によって，

$$2\cos\frac{\alpha-\beta}{2}e^{i\frac{\alpha+\beta}{2}} = (e^{i\frac{\alpha-\beta}{2}} + e^{-i\frac{\alpha-\beta}{2}})e^{i\frac{\alpha+\beta}{2}}$$
$$= e^{i(\frac{\alpha-\beta}{2}+\frac{\alpha+\beta}{2})} + e^{i(-\frac{\alpha-\beta}{2}+\frac{\alpha+\beta}{2})}$$
$$= e^{i\alpha} + e^{i\beta}$$

注 この結果は，図解すれば右のようであって，絶対値が1の2つの複素数 $e^{i\alpha}, e^{i\beta}$ の和について，絶対値は $2\left|\cos\dfrac{\alpha-\beta}{2}\right|$，偏角は $\dfrac{\alpha+\beta}{2}$ または $\dfrac{\alpha+\beta}{2}+\pi$ であることを示している．

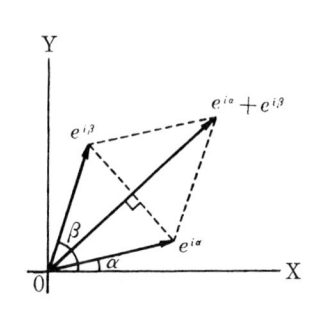

例題 2 a, b, c が絶対値が1の複素数のとき，

$$\frac{(b+c)(c+a)(a+b)}{abc} \text{ は実数}$$

であることを証明せよ．

証明 $a=e^{i\alpha},\ b=e^{i\beta},\ c=e^{i\gamma}$ とおいて，例題1を使うと，この式の分子は次のようになる．

$$(b+c)(c+a)(a+b)$$
$$= 2\cos\frac{\beta-\gamma}{2}e^{i\frac{\beta+\gamma}{2}} \cdot 2\cos\frac{\gamma-\alpha}{2}e^{i\frac{\gamma+\alpha}{2}} \cdot 2\cos\frac{\alpha-\beta}{2}e^{i\frac{\alpha+\beta}{2}}$$
$$= 8\cos\frac{\beta-\gamma}{2}\cos\frac{\gamma-\alpha}{2}\cos\frac{\alpha-\beta}{2}e^{i\frac{\beta+\gamma}{2}}e^{i\frac{\gamma+\alpha}{2}}e^{i\frac{\alpha+\beta}{2}}$$

ところが,
$$e^{i\frac{\beta+\gamma}{2}}e^{i\frac{\gamma+\alpha}{2}}e^{i\frac{\alpha+\beta}{2}} = e^{i(\alpha+\beta+\gamma)} = e^{i\alpha}e^{i\beta}e^{i\gamma} = abc$$

だから,
$$\frac{(b+c)(c+a)(a+b)}{abc} = 8\cos\frac{\beta-\gamma}{2}\cos\frac{\gamma-\alpha}{2}\cos\frac{\alpha-\beta}{2} \quad \text{(実数)}$$

注 この問題は, e^{ix} のような記号を使わないで, 次のように証明することもできる.
まず. $a\bar{a}=1$ だから,
$$\bar{a} = a^{-1}, \quad \text{同様に} \quad \bar{b} = b^{-1}, \; \bar{c} = c^{-1}$$
そこで, $\quad z = (b+c)(c+a)(a+b)(abc)^{-1}$
とおいて $\bar{z}$ を作ると,
$$\bar{z} = (\bar{b}+\bar{c})(\bar{c}+\bar{a})(\bar{a}+\bar{b})(\bar{a}\bar{b}\bar{c})^{-1}$$
$$= (b^{-1}+c^{-1})(c^{-1}+a^{-1})(a^{-1}+b^{-1})abc$$
$$= (c+b)(a+c)(b+a)(abc)^{-1}$$
となって, $\quad z = \bar{z}, \quad$ ゆえに $\quad z$ は実数

例題 3 θ が 2π の整数倍でないとして, 次の C, S を求めよ.
$$C = \cos\theta + \cos 2\theta + \cos 3\theta + \cdots\cdots + \cos n\theta$$
$$S = \sin\theta + \sin 2\theta + \sin 3\theta + \cdots\cdots + \sin n\theta$$

解 $C+iS$ を作ってこれを計算してみよう.
$$C+iS = (\cos\theta + i\sin\theta) + (\cos 2\theta + i\sin 2\theta) + \cdots\cdots + (\cos n\theta + i\sin n\theta)$$
$$= e^{i\theta} + e^{i2\theta} + \cdots\cdots + e^{in\theta}$$
$e^{i\theta} = \cos\theta + i\sin\theta \neq 1$ だから等比数列の和の公式によって,
$$C+iS = \frac{e^{i\theta}((e^{i\theta})^n - 1)}{e^{i\theta}-1} = \frac{e^{i\theta}(e^{in\theta}-1)}{e^{i\theta}-1}$$

$$= \frac{e^{i\theta}e^{i\frac{n}{2}\theta}(e^{i\frac{n}{2}\theta}-e^{-i\frac{n}{2}\theta})}{e^{i\frac{1}{2}\theta}(e^{i\frac{1}{2}\theta}-e^{-i\frac{1}{2}\theta})} = e^{i\frac{n+1}{2}\theta}\frac{2i\sin\frac{n\theta}{2}}{2i\sin\frac{\theta}{2}}$$

$$= \frac{\sin\frac{n\theta}{2}}{\sin\frac{\theta}{2}}\Big(\cos\frac{n+1}{2}\theta+i\sin\frac{n+1}{2}\theta\Big)$$

したがって,

$$C = \frac{\sin\frac{n}{2}\theta\cos\frac{n+1}{2}\theta}{\sin\frac{\theta}{2}}, \quad S = \frac{\sin\frac{n}{2}\theta\sin\frac{n+1}{2}\theta}{\sin\frac{\theta}{2}}$$

つぎに, $z = a+bi$ (a, b が実数, $b \neq 0$) のとき e^z を次のように定義する.

$$e^z = e^{a+bi} = e^a e^{ib} = e^a(\cos b + i\sin b)$$

この定義は, これまでに知っている $b = 0$ の場合にも通用する. また, 次のことが成り立つ.

定理 8 $e^{z_1}e^{z_2} = e^{z_1+z_2}$, $(e^z)^n = e^{nz}$ (n は整数)

証明 $z_1 = a_1+b_1i$, $z_2 = a_2+b_2i$ (a_1, b_1, a_2, b_2 は実数) とおくと,

$$e^{z_1}e^{z_2} = e^{a_1}e^{ib_1}e^{a_2}e^{ib_2} = e^{a_1+a_2}e^{i(b_1+b_2)} = e^{(a_1+a_2)+i(b_1+b_2)} = e^{z_1+z_2}$$

あとの公式も, 同じように証明できる.

§3. 積, 商 と 複素平面

複素数の積や商が, 複素平面上ではどのように表わされるかを調べ, その応用を示そう.

定理 9 $w = kz$ (k は正の実数) のとき関数 $z \longrightarrow w$ は, 複素平面上では点 0 を中心とする k 倍の拡大である.

また, $w = e^{i\alpha}z$ のとき, 関数 $z \longrightarrow w$ は点 0 を中心とする角 α の回転である.

証明 $z = re^{i\theta}$ とおくと,

$$kz = kre^{i\theta}, \qquad e^{i\alpha}z = re^{i(\theta+\alpha)}$$

これによって,定理は明らかである.

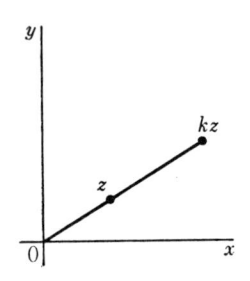

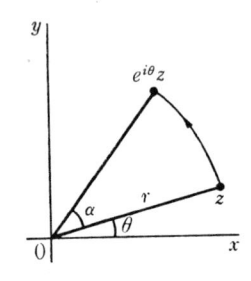

注 この定理によって,γ が複素数のとき,$\gamma = ke^{i\theta}$ ($k \geqq 0$) とおくと,$w = \gamma z$ による $z \longrightarrow w$ は,
　　点 0 を中心として k 倍に拡大し,さらに角 θ だけまわす
という操作になる.

上の考察から,次のことがいえる.

定理 10 複素平面上で,3 点 $0, z_1, z_1z_2$ を頂点とする三角形は,3 点 $0, 1, z_2$ を頂点とする三角形と,同じ向きに相似である.

証明 $0, 1, z_2$ に z_1 をかけると $0, z_1, z_1z_2$ となっている.

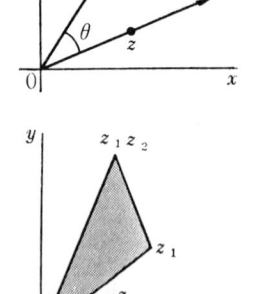

定理 11 2 点 z_1, z_2 の距離は $|z_2 - z_1|$

つぎに,3 点 z_1, z_2, z_3 の関係は, $w = \dfrac{z_3 - z_1}{z_2 - z_1}$ という数によってきまる.
3 点 z_1, z_2, z_3 を P_1, P_2, P_3 とし, $\alpha = z_2 - z_1, \quad \beta = z_3 - z_1$
とおいて,点 α, β を A, B とすると,

　　P_1, P_2, P_3 は O, A, B を平行移動したもの

である．そして，

$$|w| = \left|\frac{\beta}{\alpha}\right| = \frac{|\beta|}{|\alpha|} = \frac{\mathrm{OB}}{\mathrm{OA}} = \frac{\mathrm{P_1P_3}}{\mathrm{P_1P_2}}$$

$$\angle(w) = \angle\left(\frac{\beta}{\alpha}\right) = \angle(\beta) - \angle(\alpha)$$

$$= \angle \mathrm{AOB} = \angle \mathrm{P_2P_1P_3}$$

これから，次のことが得られる．

定理12 3点 z_1, z_2, z_3 について，

$$w = \frac{z_3 - z_1}{z_2 - z_1}$$

とおくとき，この3点が1直線上にあるための必要十分条件は，

$$w = 実数$$

で，　　$w > 0$ のとき，z_1 は z_2, z_3 の間にない

$w < 0$ のとき，z_1 は z_2, z_3 の間にある

また，3点 z_1, z_2, z_3 を頂点とする三角形の形と向きは，複素数 w の値できまる．

したがって，2つの三角形 $z_1z_2z_3$, $z_1'z_2'z_3'$ について，

$$w = \frac{z_3 - z_1}{z_2 - z_1}, \quad w' = \frac{z_3' - z_1'}{z_2' - z_1'}$$

とおくとき，

$w' = w$ ならば同じ向きに相似

$w' = \bar{w}$ ならば裏向きに相似

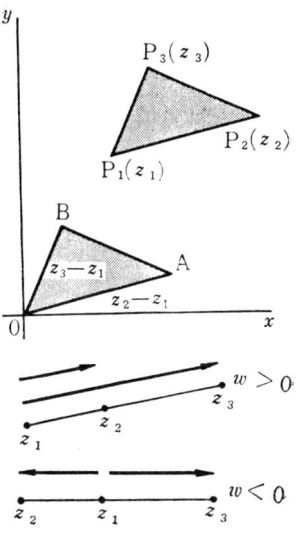

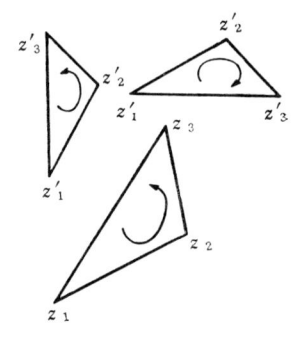

例題1 3点 z_1, z_2, z_3 を頂点とする三角形が，正三角形になるための必要十分条件は，

$$z_1^2 + z_2^2 + z_3^2 - z_1z_2 - z_2z_3 - z_3z_1 = 0$$

証明 $$w = \frac{z_3 - z_1}{z_2 - z_1} \quad (1)$$

とおくとき，三角形 z_1, z_2, z_3 が正三角形になるための必要十分条件は，

$$w = e^{i\frac{\pi}{3}} \quad \text{または} \quad w = e^{-i\frac{\pi}{3}}$$

となることである．この条件は，

$$(w - e^{i\frac{\pi}{3}})(w - e^{-i\frac{\pi}{3}}) = 0$$

つまり， $\quad w^2 - w + 1 = 0 \quad (2)$

と同値である．(1) を (2) に代入して整理すれば，

$$z_1^2 + z_2^2 + z_3^2 - z_1 z_2 - z_2 z_3 - z_3 z_1 = 0$$

注　$\omega = e^{i\frac{2}{3}\pi} = \dfrac{-1 + \sqrt{3}\,i}{2}$ を使うと，

$$z_1^2 + z_2^2 + z_3^2 - z_1 z_2 - z_2 z_3 - z_3 z_1$$
$$= (z_1 + \omega z_2 + \omega^2 z_3)(z_1 + \omega^2 z_2 + \omega z_3)$$

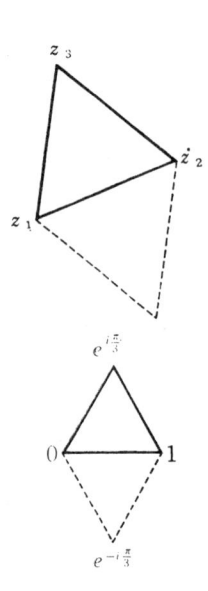

例題 2　△ABC の辺 AB, AC を辺として外側に正方形 ABDE, ACFG を作るとき，線分 BG, CE はどんな関係にあるか．

解　A を原点 O にとり，点 B, C を表わす複素数を β, γ とすると，点 G は点 C を A のまわりに 90° まわした点だから，$i = e^{i\frac{\pi}{2}}$ を参照すると G は $i\gamma$ で表わされる．同様に E は $\dfrac{\beta}{i} = -i\beta$ で表わされる．したがって

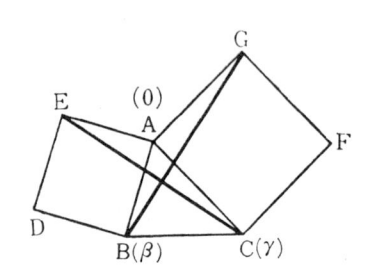

$$\overrightarrow{BG} \text{ は } i\gamma - \beta, \quad \overrightarrow{CE} \text{ は } -i\beta - \gamma$$

で表わされ，$-i\beta - \gamma = i(i\gamma - \beta)$ であることから，

$$BG = CE, \quad BG \perp CE$$

例題 3　複素平面上で，4 つの点 z_1, z_2, z_3, z_4 について，

$$u = \frac{z_3 - z_1}{z_4 - z_1} \bigg/ \frac{z_3 - z_2}{z_4 - z_2} \quad (1)$$

とおくとき,
$$z_1, z_2, z_3, z_4 \text{ が同一直線上, または 同一円周上にある}$$
ことと, u が実数 (2)
であることとは,同値である.

証明 $w_1 = \dfrac{z_3-z_1}{z_4-z_1}$, $w_2 = \dfrac{z_3-z_2}{z_4-z_2}$ とおくと, $u = \dfrac{w_1}{w_2}$ (3)

そして, u が実数であるということは,
$$\angle(u) = \angle(w_1) - \angle(w_2) = 0 \text{ または } \pi \pmod{2\pi} \tag{4}$$
ということである. この条件を詳しく調べてみよう.

(2) が成り立つとき, w_1 が実数であれば, w_2 も実数で, 定理12によって,
$$z_1, z_3, z_4 \text{ および } z_2, z_3, z_4 \text{ が同一直線上にある}$$
ことになり, z_1, z_2, z_3, z_4 が同一直線上にある.

また, w_1 が虚数のときは (2) (3) によって w_2 も虚数になる. いま, 4つの複素数 z_1, z_2, z_3, z_4 に対する点を P_1, P_2, P_3, P_4 とすると, 39ページのことから,
$$\angle(w_1) = \angle P_4 P_1 P_3, \quad \angle(w_2) = \angle P_4 P_2 P_3$$
ここで角は向きのついたものである. したがって, (4) は P_1, P_2, P_3, P_4 が同一円周上にあることと同値である.

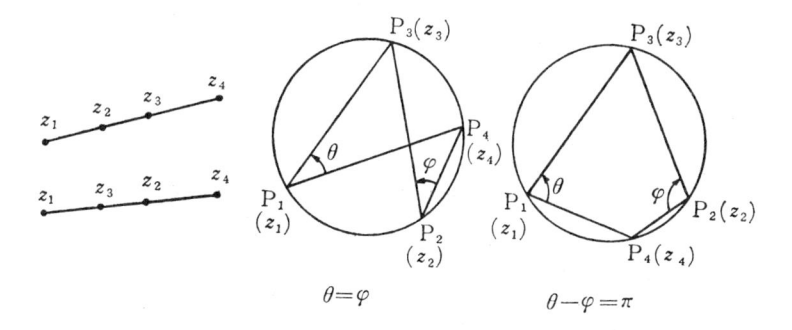

$\theta = \varphi$

$\theta - \varphi = \pi$

注 (1) の u を z_1, z_2, z_3, z_4 の複比(非調和比)という.

§4. 1 の n 乗根

1 の平方根は ± 1 であり，1 の 3 乗根は

$$1, \ \omega, \ \omega^2 \quad \left(\omega = \frac{-1+\sqrt{3}\,i}{2}\right)$$

である．そこで，一般に 1 の n 乗根について考えてみよう．

定理 13 1 の n 乗根は，その 1 つ $\zeta = e^{i\frac{2\pi}{n}}$ を使って，

$$1, \ \zeta, \ \zeta^2, \cdots\cdots, \zeta^{n-1}$$

で表わせる．

証明 1 の n 乗根を z とすれば，$\quad z^n = 1$

$z = re^{i\theta}\,(r \geqq 0)$ とおくと，$\quad r^n e^{in\theta} = 1$

1 の絶対値は 1，偏角は $2\pi k$ (k は任意の整数) だから，

$$r^n = 1, \quad n\theta = 2\pi k$$

$r \geqq 0$ だから $\quad r = 1,\quad$ また $\quad \theta = \frac{2\pi}{n}k$

したがって，$\quad z = e^{i\frac{2\pi}{n}k}$

そこで，$\zeta = e^{i\frac{2\pi}{n}}$ とおけば，$\quad z = \zeta^k$

$k = \cdots, -2, -1, 0, 1, 2\cdots\cdots$ とおくとき，$\zeta^n = 1$ であることから，これらは結局，

$$1, \zeta, \zeta^2, \cdots\cdots, \zeta^{n-1}$$

の n 個に帰着することがわかる．(証明終)

注 複素平面上では，1 の n 乗根は 0 を中心とする半径 1 の円の周の n 等分点で表わされる．

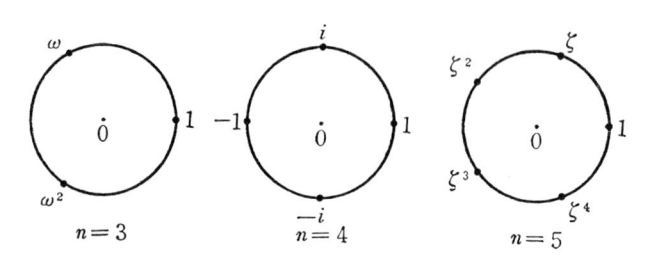

また、
$$z^n - 1 = (z-1)(z^{n-1} + z^{n-2} + \cdots + z + 1)$$
であることから，1以外の1のn乗根αについて，
$$\alpha^{n-1} + \alpha^{n-2} + \cdots + \alpha + 1 = 0$$
とくに，$\zeta = e^{i\frac{2\pi}{n}}$についても，
$$\zeta^{n-1} + \zeta^{n-2} + \cdots + \zeta + 1 = 0$$

1のn乗根
$$\zeta = e^{i\frac{2\pi}{n}} = \cos\frac{2\pi}{n} + i\sin\frac{2\pi}{n}$$

を cos や sin を使わないで，代数の記号で表わすことは，一般には面倒である．また，四則と平方根の算法で表わすことは，一般には不可能である．しかし，次のような場合にはうまくいく．

例題 1の5乗根を，代数的に求めよ．

解 1の5乗根をzとすると，$z^5 - 1 = 0$
$z \neq 1$として$z - 1$で割ると，
$$z^4 + z^3 + z^2 + z + 1 = 0$$
z^2で割って，
$$z^2 + z + 1 + \frac{1}{z} + \frac{1}{z^2} = 0$$
そこで，$w = z + \frac{1}{z}$とおくと，$w^2 = z^2 + \frac{1}{z^2} + 2$だから，
$$w^2 - 2 + w + 1 = 0, \quad w^2 + w - 1 = 0$$
$$w = \frac{-1 \pm \sqrt{5}}{2} \tag{1}$$
いま，$z = \zeta = e^{i\frac{2\pi}{5}}$の場合を考えると，
$$w = z + \frac{1}{z} = e^{i\frac{2\pi}{5}} + e^{-i\frac{2\pi}{5}} = 2\cos\frac{2\pi}{5} > 0$$
だから，(1)から，
$$\cos\frac{2\pi}{5} = \frac{\sqrt{5} - 1}{4}$$
したがって，
$$\sin\frac{2\pi}{5} = \sqrt{1 - \cos^2\frac{2\pi}{5}} = \frac{1}{4}\sqrt{10 + 2\sqrt{5}}$$
ゆえに，
$$\zeta = \cos\frac{2\pi}{5} + i\sin\frac{2\pi}{5} = \frac{1}{4}(\sqrt{5} - 1 + \sqrt{10 + 2\sqrt{5}}\,i)$$

これが 1 の 5 乗根の 1 つで，他の 5 乗根は $\zeta^2, \zeta^3, \zeta^4$ と 1 である．

注 この例題の結果として，
$$\sin 18° = \cos 72° = \cos\frac{2\pi}{5} = \frac{\sqrt{5}-1}{4}$$
が得られたわけである．そこで，半径 a の円に内接する正十辺形の 1 辺の長さを l とすると，
$$l = \frac{\sqrt{5}-1}{2}a = \sqrt{a^2+\left(\frac{a}{2}\right)^2}-\frac{a}{2}$$
これによって，円に内接する正十辺形を定木とコンパスで作図することができる．したがって正五角形も作図できる．一般に n が素数で $n=2^k+1$ のとき，定木とコンパスで正 n 角形を作図することができることがわかっている．例題は $k=2$ の場合であり，$k=4$ だと $n=17$ である．このようなことは，ガウスによる大発見である．

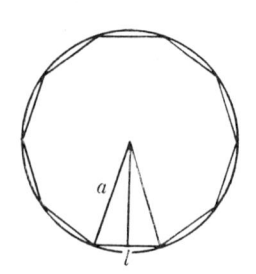

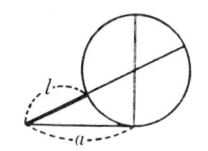

これまでは，1 の n 乗根を考えたが，一般の複素数の n 乗根は 1 の n 乗根を使うと，次のように表わせる．

定理 14 n が自然数のとき，与えられた複素数 α に対し，
$$z^n = \alpha$$
となる z の 1 つを β とすると，このような z の全体は，1 の n 乗根 $\zeta = e^{i\frac{2\pi}{n}}$ を使って，
$$\beta, \beta\zeta, \beta\zeta^2, \cdots\cdots, \beta\zeta^{n-1}$$
と表わせる．

証明 $\alpha = 0$ のときは問題はない．

$\alpha \neq 0$ のとき，$\beta^n = \alpha$ であることから $\beta \neq 0$．

そこで，$z^n = \alpha$ となる z に対して，$w = \dfrac{z}{\beta}$ とおくと，
$$w^n = \frac{z^n}{\beta^n} = \frac{\alpha}{\alpha} = 1, \quad \text{ゆえに } w = 1, \zeta, \zeta^2, \cdots\cdots, \zeta^{n-1}$$

注 β を求めるのには，$\alpha = ce^{i\theta}$ と α を極形式に直し，
$$\beta = c^{\frac{1}{n}} e^{i\frac{\theta}{n}}$$
を求めればよい．

$z^n = \alpha$ となる z を α の n 乗根といい，$\alpha^{\frac{1}{n}}$, $\sqrt[n]{\alpha}$ などとかく．実数の場合とちがって，これは一般に1つの値ではない．

例1 $1+i$ の3乗根

$$\alpha = 1+i = 2^{\frac{1}{2}}e^{i\frac{\pi}{4}} \quad \text{だから，} \quad \beta = 2^{\frac{1}{6}}e^{i\frac{\pi}{12}}$$

半角公式によると，

$$\cos\frac{\pi}{12} = \sqrt{\frac{1}{2}\left(1+\cos\frac{\pi}{6}\right)} = \sqrt{\frac{2+\sqrt{3}}{4}} = \frac{1}{2\sqrt{2}}(\sqrt{3}+1)$$

$$\sin\frac{\pi}{12} = \sqrt{\frac{1}{2}\left(1-\cos\frac{\pi}{6}\right)} = \sqrt{\frac{2-\sqrt{3}}{4}} = \frac{1}{2\sqrt{2}}(\sqrt{3}-1)$$

したがって，

$$\beta = 2^{\frac{1}{6}}e^{i\frac{\pi}{12}} = \frac{1}{2\sqrt[3]{2}}\{\sqrt{3}+1+(\sqrt{3}-1)i\}$$

また，1の3乗根は，1, $\omega = \dfrac{-1+\sqrt{3}\,i}{2}$, $\omega^2 = \dfrac{-1-\sqrt{3}\,i}{2}$ で，$1+i$ の3乗根は，$\beta, \beta\omega, \beta\omega^2$

例2 -1 の4乗根

$$\alpha = -1 = e^{i\pi} \quad \text{だから，} \quad \beta = e^{i\frac{\pi}{4}} = \frac{1}{\sqrt{2}}(1+i)$$

1の4乗根は $1, i, -1, -i$ だから，-1 の4乗根は $\beta, \beta i, -\beta, -\beta i$ で，これらは

$$\frac{1+i}{\sqrt{2}}, \quad \frac{-1+i}{\sqrt{2}}$$

$$\frac{-1-i}{\sqrt{2}}, \quad \frac{1-i}{\sqrt{2}}$$

§5. e^{ix} と微分法

一般に，$f(x), g(x)$ がふつうの関数（x が実数で関数のとる値も実数）とする．このとき，

$$u = u(x) = f(x) + ig(x) \tag{1}$$

という複素数の値をとる関数 u を考え，その導関数 $u' = \dfrac{du}{dx}$ を

$$u' = u'(x) = f'(x) + ig'(x) \tag{2}$$
によって定義する．たとえば，
$$u = x^2 + i(3x+2) \quad \text{のとき，} \quad u' = 2x+3i$$
このように定義された拡張された関数とその微分法について，

これまでに知っている微積分の公式は，そのまま成り立つということがわかる．つまり，
$$u = u(x), \ v = v(x) \text{ が (1) の形の関数，} c \text{ は定数のとき}$$
$$(u+v)' = u'+v', \quad (cu)' = cu'$$
$$(uv)' = u'v+uv', \quad \left(\frac{v}{u}\right)' = \frac{v'u-u'v}{u^2}$$
$$w = v(y), \ y = u(x) \text{ のとき，} \ w' = v'(y)u'(x)$$
これらは，いちいち確かめてみれば容易にわかる．積分についても同様である．

そこで，
$$e^{ix} = \cos x + i\sin x$$
について考えてみよう．定義 (2) によると，これを x で微分すると，
$$(e^{ix})' = (\cos x)' + i(\sin x)' = -\sin x + i\cos x$$
$$= i(\cos x + i\sin x)$$
したがって，次の結果が得られる．

定理15 $\quad \dfrac{d}{dx}(e^{ix}) = ie^{ix}$

$i = e^{i\frac{\pi}{2}}$ であることに注目すれば，$ie^{ix} = e^{i\frac{\pi}{2}}e^{ix} = e^{i(x+\frac{\pi}{2})}$
つまり，
$$(e^{ix})' = e^{i(x+\frac{\pi}{2})}$$
これは，実数部分と虚数部分に分けてかくと，
$$(\cos x)' = \cos\left(x+\frac{\pi}{2}\right), \quad (\sin x)' = \sin\left(x+\frac{\pi}{2}\right)$$
となる．

また，a, b が実数の定数のとき，
$$e^{(a+bi)x} = e^{ax}e^{ibx} = e^{ax}(\cos bx + i\sin bx)$$

であることは，37ページの定義からわかる．これを微分してみよう．

積の微分法によって，

$$(e^{(a+bi)x})' = (e^{ax}e^{ibx})'$$
$$= (e^{ax})'e^{ibx}+e^{ax}(e^{ibx})' \qquad (3)$$

まず，$(e^{ax})' = ae^{ax}$

$(e^{ibx})'$ の方は，$bx = y$ と考えて定理15を使うと，

$$(e^{ibx})' = \frac{d}{dx}e^{iy} = \frac{d}{dy}e^{iy}\cdot\frac{dy}{dx} = ie^{iy}b$$
$$= ibe^{ibx}$$

したがって (3) から，

$$(e^{(a+bi)x})' = ae^{ax}e^{ibx}+e^{ax}ibe^{ibx}$$
$$= (a+bi)e^{ax}e^{ibx} = (a+bi)e^{(a+bi)x}$$

つまり，次の公式が得られたことになる．これは定理15の拡張である．

定理16 λ が複素数の定数のとき，$\dfrac{d}{dx}e^{\lambda x} = \lambda e^{\lambda x}$

つぎに，$u = u(x) = f(x)+ig(x)$ （$f(x), g(x)$ は実関数）
の積分についても

$$\int u(x)\,dx = \int f(x)\,dx + i\int g(x)\,dx$$

によって定義すると，これについても実関数の場合と同じような計算法則が成り立つ．

例題1 λ の2次方程式 $\lambda^2+a\lambda+b = 0$（a, b は実数）が虚根をもつとき，これを $\lambda = p\pm qi$（p, q 実数）とおくと，

$$y_1 = e^{px}\cos qx, \qquad y_2 = e^{px}\sin qx$$

は微分方程式

$$\frac{d^2y}{dx^2}+a\frac{dy}{dx}+by = 0$$

の解である．

証明 $y = y_1+y_2 i$ とおくと，

$$y = e^{px}(\cos qx + i\sin qx) = e^{px}e^{qxi} = e^{(p+qi)x} = e^{\lambda x}$$

したがって，
$$y'' + ay' + by = \lambda^2 e^{\lambda x} + a\lambda e^{\lambda x} + be^{\lambda x} = (\lambda^2 + a\lambda + b)e^{\lambda x} = 0$$

$y = y_1 + y_2 i$ にもどし，実数部分と虚数部分に分けて考えると，
$$y_1'' + ay_1' + by_1 = 0, \quad y_2'' + ay_2' + by_2 = 0$$

注 この微分方程式の一般解は，任意定数 c_1, c_2 を使って，
$$y = c_1 y_1 + c_2 y_2 = e^{px}(c_1 \cos qx + c_2 \sin qx)$$

例題2 $e^x \sin x$ を n 回微分せよ．

解 $y = e^x \cos x$, $z = e^x \sin x$ とおくと，
$$y + iz = e^x(\cos x + i \sin x) = e^x e^{ix} = e^{(1+i)x}$$

これを n 回微分して，
$$\frac{d^n y}{dx^n} + i\frac{d^n z}{dx^n} = (1+i)^n e^{(1+i)x} \tag{1}$$

$1+i$ を極形式で表わすと， $\quad 1+i = \sqrt{2}\left(\cos\dfrac{\pi}{4} + i\sin\dfrac{\pi}{4}\right) = 2^{\frac{1}{2}} e^{i\frac{\pi}{4}}$

だから， $\quad (1+i)^n e^{(1+i)x} = 2^{\frac{n}{2}} e^{i\frac{\pi}{4}n} e^{(1+i)x} = 2^{\frac{n}{2}} e^x e^{i(x+\frac{\pi}{4}n)}$

したがって (1) から，
$$\frac{d^n}{dx^n}(e^x \sin x) = 2^{\frac{n}{2}} e^x \sin\left(x + \frac{\pi}{4}n\right)$$

例題3 $a^2 + b^2 \neq 0$ のとき，
$$C = \int e^{ax} \cos bx \, dx, \quad S = \int e^{ax} \sin bx \, dx$$

を求めよ．

解 $\quad C + iS = \int e^{(a+ib)x} dx = \dfrac{e^{(a+ib)x}}{a+ib}$

$$= \frac{(a-ib)e^{(a+ib)x}}{(a+ib)(a-ib)} = e^{ax}\frac{(a-ib)(\cos bx + i\sin bx)}{a^2+b^2}$$

両辺の実数部分，虚数部分を考えて，
$$C = \frac{e^{ax}(a\cos bx + b\sin bx)}{a^2+b^2}, \quad S = \frac{e^{ax}(a\sin bx - b\cos bx)}{a^2+b^2}$$

例題 4 平面上で運動する点 P の極座標を (r, θ) とするとき，この点の速度および加速度の動径方向への成分（動径成分）と，これに垂直な方向への成分（偏角成分）を求めよ．

解 これを複素平面上で考えると，点の位置は，
$$z = re^{i\theta}$$
という複素数で表わすことができる．r, θ は時刻 t の関数で，速度ベクトル，加速度ベクトルは，それぞれ z を t で 1 回，2 回微分したもので表わせる．いま，t で微分することを・で表わすと，
$$\dot{z} = \dot{r}e^{i\theta} + r(e^{i\theta})^{\cdot} = \dot{r}e^{i\theta} + r\dot{\theta}ie^{i\theta} \tag{1}$$
$e^{i\theta}$ は動径 OP の方向の単位ベクトル，$ie^{i\theta}$ はこれに垂直な方向の単位ベクトルと考えられるから，

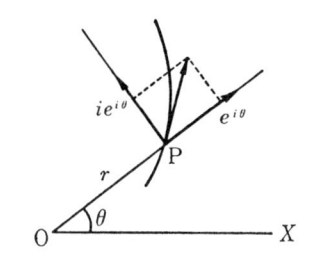

速度の動径成分は $\dot{r}$，　偏角成分は $r\dot{\theta}$

つぎに (1) をもう一度微分すると，
$$\ddot{z} = (\dot{r}e^{i\theta})^{\cdot} + (r\dot{\theta}ie^{i\theta})^{\cdot}$$
$$= \ddot{r}e^{i\theta} + \dot{r}(e^{i\theta})^{\cdot} + (r\dot{\theta})^{\cdot}ie^{i\theta} + r\dot{\theta}(ie^{i\theta})^{\cdot}$$
$$= \ddot{r}e^{i\theta} + \dot{r}\dot{\theta}ie^{i\theta} + (\dot{r}\dot{\theta} + r\ddot{\theta})ie^{i\theta} - r\dot{\theta}^2 e^{i\theta}$$
$$= (\ddot{r} - r\dot{\theta}^2)e^{i\theta} + (2\dot{r}\dot{\theta} + r\ddot{\theta})ie^{i\theta}$$
したがって，

加速度の動径成分は $\ddot{r} - r\dot{\theta}^2$，　偏角成分は $2\dot{r}\dot{\theta} + r\ddot{\theta}$ 　(2)

注 この結果は，物理学において応用が広い．たとえば，質点に働く力が一定点（これを原点にとる）に向かっているときは，ニュートンの運動方程式から，加速度の動径に垂直な方向の成分（偏角成分）は 0 となる．つまり，
$$2\dot{r}\dot{\theta} + r\ddot{\theta} = 0$$
これから，
$$\frac{d}{dt}\left(\frac{1}{2}r^2\dot{\theta}\right) = r\dot{r}\dot{\theta} + \frac{1}{2}r^2\ddot{\theta} = \frac{1}{2}r(2\dot{r}\dot{\theta} + r\ddot{\theta}) = 0$$

となり、
$$\frac{1}{2}r^2\dot{\theta} = 一定 \qquad (3)$$

ところが、時刻 $t=t_0$ のときのPの位置を P_0 とし、点が P_0 からPまで動く間に、動径OPが通りすぎた部分の面積を S とすると、
$$S = \int \frac{1}{2}r^2 d\theta = \int_{t_0}^{t} \frac{1}{2}r^2 \dot{\theta}\, dt$$
だから、
$$\frac{dS}{dt} = \frac{1}{2}r^2\dot{\theta} = 一定$$

このことは、ふつう、

　　　　中心力の場での運動では、中心のまわりの面積速度は一定

というようにいわれている．

さらに、点Oからの力が r だけの関数 $F(r)$ のときは、
$$m(\ddot{r} - r\dot{\theta}^2) = F(r) \qquad (m は質量) \qquad (4)$$

(3)(4)によって点の運動がきまるわけであるが、とくに
$$F(r) = -kr, \qquad F(r) = -\frac{k}{r^2} \qquad (k は正の定数)$$

の場合が重要で、後者は恒星のまわりの惑星の運動の場合である．

問　題　2

(答は p.195)

1. 次の複素数を極形式で表わせ．

   (1) -2　　(2) $3i$　　(3) $1-i$　　(4) $\frac{1}{2}(-1+\sqrt{3}\,i)$

2. 等差数列をなす複素数は、複素平面上でどのようにならんでいるか．
   また、等比数列のときは、どうか．

3. 次の等式を証明せよ．
$$\cos\theta + \cos\left(\theta + \frac{2\pi}{n}\right) + \cos\left(\theta + \frac{4\pi}{n}\right) + \cdots\cdots + \cos\left(\theta + \frac{2(n-1)\pi}{n}\right) = 0$$
$$\sin\theta + \sin\left(\theta + \frac{2\pi}{n}\right) + \sin\left(\theta + \frac{4\pi}{n}\right) + \cdots\cdots + \sin\left(\theta + \frac{2(n-1)\pi}{n}\right) = 0$$

4. $|z_1| = |z_2| = |z_3|$, $z_1 + z_2 + z_3 = 0$ のとき、z_1, z_2, z_3 の間にどんな関係があるか．

5. $|z_1| = |z_2| = |z_3| = |z_4|$, $z_1 + z_2 + z_3 + z_4 = 0$ のとき、z_1, z_2, z_3, z_4 の間にはどんな関係があるか．

6. x, y, z の2次同次式

$$x^2+y^2+z^2+a(yz+zx+xy)$$
が x, y, z の1次式の積に分解されるのは a がどんな定数のときであるか．

7. $(x+y)^n-x^n-y^n$ が x^2+xy+y^2 で割り切れるのは，自然数 n がどんな値の場合か．

8. △ABC の外側へ，同じ向きに相似な3つの三角形 △PBC, △QCA, △RAB をつくるとき，△PQR の重心は △ABC の重心と一致することを証明せよ．

9. 等式
$$(a-b)(c-d)+(a-d)(b-c)=(a-c)(b-d)$$
を使って，平面上の4点 A, B, C, D について，
$$AB\cdot CD+AD\cdot BC \geqq AC\cdot BD$$
であることを証明せよ．

またこの場合，等号の成り立つのは，A, B, C, D がこの順に同一円周（または1直線）の上にあるときであることを示せ．

10. ∠O = 90° の直角三角形 OAB で，OA = a, OB = b とする．O から AB へ垂線 OP₁, P₁ から OB へ垂線 P₁P₂, P₂ から OP₁ へ垂線 P₂P₃, P₃ から P₁P₂ へ垂線 P₃P₄, …… と無限に続けるとき，点 P₁, P₂, … の極限の位置を求めよ．

11. a, b が任意の複素数のとき，
$$|z^2+az+b| \geqq \frac{1}{2}, \text{ かつ } |z| \leqq 1$$
である z が少なくとも1つあることを証明せよ．

12. $|a|+|b|+|c|<1$ のとき，3次方程式
$$z^3+az^2+bz+c=0$$
の根 z の絶対値は，すべて1より小さいことを証明せよ．

13. $a_0, a_1, \dots, a_n$ が実数で，$a_0>a_1>a_2>\dots>a_n>0$ のとき，方程式
$$a_0z^n+a_1z^{n-1}+\dots+a_{n-1}z+a_n=0$$
の根 z の絶対値は，すべて1より小さいことを証明せよ．

($z-1$ をかけて考えよ)

14. $f(z)=a(z-\alpha)(z-\beta)(z-\gamma)$ のとき，
$$f'(z)=a\{3z^2-2(\alpha+\beta+\gamma)z+(\alpha\beta+\beta\gamma+\gamma\alpha)\}$$
とおけば，
$$\frac{f'(z)}{f(z)}=\frac{1}{z-\alpha}+\frac{1}{z-\beta}+\frac{1}{z-\gamma}$$
である．このことを利用して次のことを証明せよ．

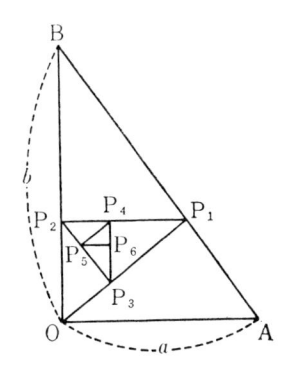

3次方程式 $f(z)=0$ がことなる3つの根 α, β, γ をもち, これらが複素平面上で1直線上にないとすると, $f'(z)=0$ の根は, α, β, γ を3頂点とする三角形の内部にある.

(実は $f'(z)=0$ の根は, この三角形の3辺に, それらの中点で接する楕円の焦点になっている.)

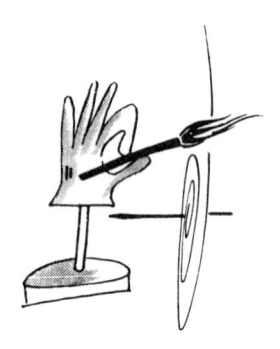

第3章　1次関数

複素数を変数とする関数 $f: z \longrightarrow w$ の中で最も簡単なのは, z の1次式
$$w = az+b$$
できまる1次関数である．これに続いて大切なのは，1次分数関数
$$w = \frac{az+b}{cz+d}$$
で，ここではこれらについて研究する．実変数の関数とちがって，このような簡単なものについても，かなり深いことが考えられている．

§1. 1次関数

1次関数　　　$w = az+b$　　　(a, b は定数)
は，2つの関数 (写像)
$$f: z \longrightarrow az, \qquad g: u \longrightarrow u+b$$
を合成してできる $g(f(z))$ である．この2つの関数
$$u = az, \qquad w = u+b$$
については，

$u = az$ によって z_1, z_2 が u_1, u_2 になると　　$\dfrac{u_2}{u_1} = \dfrac{z_2}{z_1}$

$w = u+b$ によって u_1, u_2 が w_1, w_2 になると　　$w_2 - w_1 = u_2 - u_1$

そして，一般の1次関数については，次のことが成り立つ．

第3章 1次関数

定理1 1次関数 $w = az+b$ によって z_1, z_2, z_3 が w_1, w_2, w_3 へ移ったとすると，

$$\frac{w_3-w_1}{w_2-w_1} = \frac{z_3-z_1}{z_2-z_1} \tag{1}$$

逆に，ある関数によって任意の z_1, z_2, z_3 が w_1, w_2, w_3 へ移ったとするとき，(1)が成り立てば，この関数は1次関数である．

証明 前半は明らかである．逆は次のようにしてわかる．

z_1, z_2 は定まった数とし，z_3 を任意の数 z，これに対応する値を w とすると，

$$\frac{w-w_1}{w_2-w_1} = \frac{z-z_1}{z_2-z_1}, \quad \text{ゆえに} \quad w = \frac{w_2-w_1}{z_2-z_1}z + \frac{w_1z_2-w_2z_1}{z_2-z_1}$$

これは z の1次式である．

つぎに，複素平面上で考えよう．まず，

$$u = az$$

による変換 $z \longrightarrow u$ は，a を $a = ce^{i\varphi}$ と極形式で表わすと，点 z を原点のまわりに角 φ だけまわし，その上で原点を中心として c 倍に拡大することである．

また，　　　　$w = u+b$

による $u \longrightarrow w$ は平行移動を表わす．

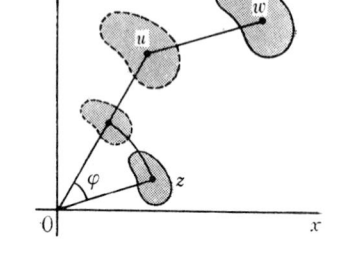

上の2つをまとめて $z \longrightarrow u \longrightarrow w$ を考えると，次のようである．

定理2 $a \neq 0$ のとき，$w = az+b$ できまる1次変換 $z \longrightarrow w$ は，複素平面上では，図形をこれと表向きに相似な図形へ移す変換（相似変換）である．

このことは，定理1の(1)と，39ページ定理12とからも，導かれる．また，裏向きの相似変換は，

$$w = a\bar{z}+b \quad (a \neq 0)$$

で表わされる．

とくに，　　表向きの移動は，$w = e^{i\varphi}z+b$ による $z \longrightarrow w$
　　　　　　裏向きの移動は，$w = e^{i\varphi}\bar{z}+b$ による $z \longrightarrow w$

になっている.

例題 1 平面上で，表向きの移動は，

　　　　ある 1 点のまわりの回転　　1 つの平行移動

のどちらか一方だけで実現される．

解 表向きの移動は，

$$z \longrightarrow w, \quad w = e^{i\theta}z + \alpha \qquad (1)$$

で表わされる．

　$e^{i\theta} = 1$ のときは，$w = z + \alpha$

　　　これは平行移動

　$e^{i\theta} \neq 1$ のときは，　　$z_0 = e^{i\theta}z_0 + \alpha$ 　　(2)

となる不動点 z_0，つまり $z_0 = \alpha/(1-e^{i\theta})$ をとると，(1) (2) から，

$$w - z_0 = e^{i\theta}(z - z_0)$$

これは，$z \longrightarrow w$ が点 z_0 のまわりの回転であることを示している．

例題 2 点 A のまわりに点 P を角 2θ だけ回転した点を P′ とし，さらに P′ を点 B のまわりに角 2φ だけまわした点を P″ とする．(θ, φ は正の角で，$\theta + \varphi < \pi$ とする) このとき，P を P″ へ直接に移すには，どのような点のまわりに，どんな角だけ回転すればよいか．

解 複素平面上で A を原点，B を β で表わし，P, P′, P″ を z, z', z'' とする．
P $\longrightarrow$ P′ という回転は

$$z' = e^{2i\theta}z \qquad (1)$$

という $z \longrightarrow z'$ で表わされる．
また，P′ $\longrightarrow$ P″ は，

$$z'' - \beta = e^{2i\varphi}(z' - \beta) \qquad (2)$$

(1) と (2) により

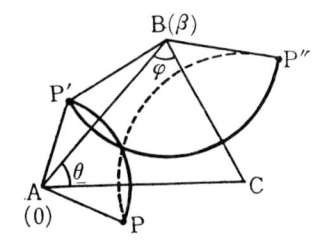

$$z'' = e^{2i\varphi}(z'-\beta) + \beta = e^{2i\varphi}(e^{2i\theta}z - \beta) + \beta$$
$$= e^{2i(\theta+\varphi)}z + \beta(1 - e^{2i\varphi}) \qquad (3)$$

$e^{2i(\theta+\varphi)} \neq 1$ であるから，(3) の不動点を求めると，

$$\gamma = \frac{1-e^{2i\varphi}}{1-e^{2i(\theta+\varphi)}}\beta \tag{4}$$

この γ によって (3) は

$$z''-\gamma = e^{2i(\theta+\varphi)}(z-\gamma) \tag{5}$$

また，(4) から，

$$\gamma = \frac{e^{i\varphi}-e^{-i\varphi}}{e^{i(\theta+\varphi)}-e^{-i(\theta+\varphi)}}e^{-i\theta}\beta = \frac{\sin\varphi}{\sin(\theta+\varphi)}e^{-i\theta}\beta \tag{6}$$

同じように，

$$\gamma-\beta = \frac{\sin\theta}{\sin(\theta+\varphi)}e^{i\varphi}(-\beta) \tag{7}$$

だから，P $\longrightarrow$ P″ は γ を中心とする角 $2(\theta+\varphi)$ の回転で，γ の表わす点 C は，(6)(7) によって AB を 1 辺とし，角が θ, φ の三角形の第 3 の頂点である．

例題3 k が正の実数，α が任意の複素数のとき，

$$w = kz+\alpha$$

によって複素平面上の点の変換を考える．これは，

　　$k=1$ のとき平行移動，$k \neq 1$ のときはある点を中心とする拡大

である．

証明 $k=1$ のときは明らかである．

$k \neq 1$ のときは，$z_0 = kz_0+\alpha$ となる $z_0 = \dfrac{\alpha}{1-k}$ (不動点) を使うと，

$$w-z_0 = k(z-z_0)$$

これは，$z \longrightarrow w$ が z_0 を中心とする k 倍の拡大であることを示している．

例題4 点 A を中心として図形 F を k 倍に拡大したものを F' とし，点 B を中心として F' を l 倍に拡大したものを F'' とする．F と F'' の関係をしらべよ．

解 A を原点，B を表わす複素数を β とし，F の点 z が F' の点 z', F'' の点 z'' へ移るとすると，

$$z' = kz$$

$$z''-\beta=l(z'-\beta)$$

これから,
$$z''=l(z'-\beta)+\beta=l(kz-\beta)+\beta$$
$$=klz+(1-l)\beta$$

例題3の結果によると,この変換 $z \longrightarrow z''$ は,

$kl=1$ のときは,平行移動

$kl \neq 1$ のときは,不動点 $\gamma=\dfrac{1-l}{1-kl}\beta$

を中心とする kl 倍の拡大である.

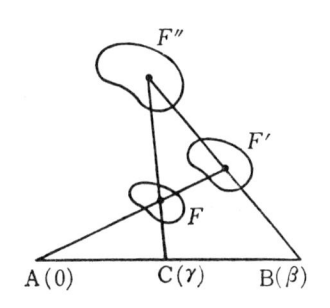

注 γ は AB を $(1-l):l(1-k)$ の比に分ける点である.

§2. 1次分数関数

1次分数関数
$$w=\frac{az+b}{cz+d} \quad (ad-bc \neq 0) \tag{1}$$

を,前に考えた1次関数
$$w=az+b \tag{2}$$

との関連において考察してみよう.

まず,(1) で $c=0$ のときは,(2) の形に帰着するから分数関数ではないが,この場合も (1) の研究にふくめておく方が便利である.

$c \neq 0$ のときは,右に示した計算によって,(1) は,

$$w=\frac{a}{c}+\frac{\frac{1}{c}(-ad+bc)}{cz+d}=\frac{a}{c}+\frac{\frac{1}{c^2}(-ad+bc)}{z+\frac{d}{c}}$$

$$\begin{array}{r}\dfrac{a}{c}\\[2pt]cz+d\overline{)\ az+b}\\[2pt]az+\dfrac{ad}{c}\\[2pt]\hline b-\dfrac{ad}{c}\end{array}$$

となる.そこで, $l=\dfrac{a}{c},\ m=\dfrac{d}{c},\ n=\dfrac{1}{c^2}(-ad+bc)$

とおくと,

$$w = l + \frac{n}{z+m} \quad (n \neq 0)$$

したがって，写像 $z \longrightarrow w$ は，次のように考えられる．

$$z \longrightarrow z+m \longrightarrow \frac{1}{z+m} \longrightarrow \frac{n}{z+m} \longrightarrow l + \frac{n}{z+m}$$

ここで，$z+m \longrightarrow \dfrac{1}{z+m}$ の他は，$w = z+m,\ w = nz$ という1次関数である．これらを別にして考えると，上の写像の本質的なところは，

$$w = \frac{1}{z}$$

による $z \longrightarrow w$ にある．そこで，この関数についてくわしく調べる．

いま，$z(\neq 0)$ を極形式で表わして，

$$z = re^{i\theta} = r(\cos\theta + i\sin\theta)$$

とおくと，

$$w = \frac{1}{z} = \frac{1}{r}e^{-i\theta} = \frac{1}{r}(\cos\theta - i\sin\theta)$$

そこで，絶対値，偏角についていえば，

$$|w| = \left|\frac{1}{z}\right| = \frac{1}{|z|}, \quad \angle(w) = \angle\left(\frac{1}{z}\right) = -\angle(z)$$

この結果を複素平面上で考えると，次のようである．

z を表わす点を P，$w = \dfrac{1}{z}$ を表わす点を Q とすると，

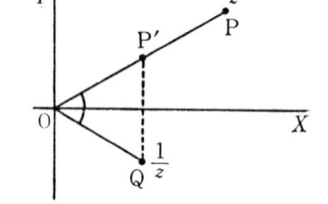

$$OQ = \frac{1}{OP}$$

直線 OP, OQ は実軸について対称

一般に，定点 O からひいた半直線上に点 P, P' があって，

$$OP \cdot OP' = k \quad (k \text{は正の定数})$$

となっているとする．このとき，点 P に点 P' を対応させることを，点 O を中心とする反転 (inversion) という．

そうすると，複素平面上で，z を表わす点 P を，$w = \dfrac{1}{z}$ を表わす点 Q へ移すという操作は，

　　原点 O を中心とする反転 $OP \cdot OP' = 1$ によって点 P を点 P′ へ移し，

　　さらに実軸について P′ の対称点 Q を作る

ということになる．

　また，一般に，反転については，次のことがわかっている．

定理 3　点 O を中心とする反転によって，
(1) O を通らない円は，円に移る．
(2) O を通る円は，直線に移る．
(3) O を通らない直線は，円に移る．
(4) O を通る直線は，直線に移る．

証明は，初等幾何や極座標でやれば，できる．(61, 62 ページで示す)

定理 3 は，まとめていえば，

　　反転によって，直線または円は，
　　直線または円に移る

ということになる．したがってまた，

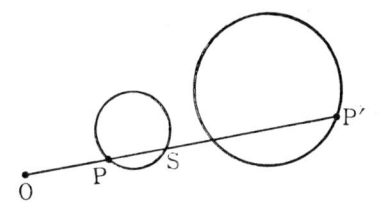

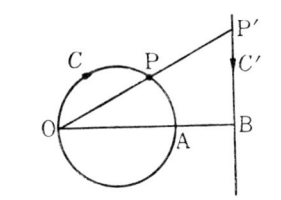

定理 4　$w = \dfrac{1}{z}$ による写像 $z \longrightarrow w$ を考えると，これによって，直線または円が，直線または円に移る．

　これを反転の助けを借りないで，直接に証明してみよう．

証明　平面上の直角座標 (x, y) について，直線または円は，

方程式 　　　　　$a(x^2+y^2)+bx+cy+d=0$ 　　　　　(1)

で表わされる．ただし，この方程式は，

　　　　何も表わさない　　ただ 1 点を表わす　　　　　(2)

という場合もある．いま，(1) を $z = x+yi$, $\bar{z} = x-yi$ で表わすと，

$$x = \frac{z+\bar{z}}{2}, \quad y = \frac{z-\bar{z}}{2i}$$

であることから，次のようになる．

$$az\bar{z} + pz + \bar{p}\bar{z} + d = 0, \qquad p = \frac{1}{2}(b-ci)$$

そこで，$w = \dfrac{1}{z}$ による写像 $z \longrightarrow w$ で，(1) がどんな図形に移るかを知るのには，$z = \dfrac{1}{w}$ をこの式に代入すればよい．つまり

$$a\frac{1}{w}\cdot\frac{1}{\bar{w}} + p\frac{1}{w} + \bar{p}\frac{1}{\bar{w}} + d = 0$$

したがって，
$$dw\bar{w} + \bar{p}w + p\bar{w} + a = 0$$

これは (1) と同じ形だから，証明ができたことになる．(なお，(2) の場合にはやはり同じようなものへ移る)

ここで考えた $w = \dfrac{1}{z}$ と1次関数との合成によって，1次分数関数が得られることは，この節のはじめに述べた通りである．

したがって，

定理5 1次分数関数 $\quad w = \dfrac{az+b}{cz+d} \quad (ad-bc \neq 0)$

による写像 $z \longrightarrow w$ では，直線または円が，直線または円に移る．

このことは，40ページの例題3によっても導くこともできる．これはあとから示そう．

図形の変換 (写像) によって角の大きさが変わらないとき，これを**等角写像**という．これは，任意の線 C_1, C_2 が C_1', C_2' へ移るとき，C_1, C_2 のなす角が C_1', C_2' のなす角に等しいことである．

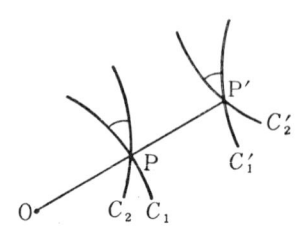

拡大，縮小も等角写像であるが，もっと一般に，

定理6 複素変数の1次分数関数による複素平面の写像は等角写像である．

これは反転が等角写像であることから導かれる．

§2　1次分数関数　　61

Q. 実変数の場合は,

　　　　　1次分数関数のグラフは，直角双曲線

ということを習ったくらいのものですが，複素変数になると，ずい分深いことがでてくるのですね．ところで，定理3の直接の証明はどうするのですか．

A. 定理3の(1)の場合は，円についての方べき(power)の定理を使うとすぐに出てきます．それは，Pが O を通らない円をえがくとし，P に O を中心とする反転をほどこした点を P′ とすると，

　　　　　$OP \cdot OP' = k$ （一定）　　(1)

また，OP と円 C とが交わるもう1つの点を S とすると，方べきの定理で，

　　　　　$OP \cdot OS = l$ （一定）　　(2)

(1)と(2)から，$\dfrac{OP'}{OS} = \dfrac{k}{l}$（一定）

P が円 C の上を動くと，S も円 C の上を(反対向きに)動くから，P′ は，O を中心として円 C を $\dfrac{k}{l}$ 倍に拡大した円の上を動く．

つぎに，(2)の場合には，点 O を一端とする円の直径を OA とし，半直線 OA 上に，$OA \cdot OB = k$ となる点 B をとると，$OP \cdot OP' = OA \cdot OB$　したがって，P, P′, A, B が同一の円周上にあることになって，

　　　　　$\angle OBP' = \angle OPA = 90°$

したがって，P が円の上を動くとき，P′ は B を通って OA に垂直な直線の上を動く．

Q. 反転が等角写像(角を変えない変換)であるということも，上と同じようなことからわかるのでしょうか．

A. それは，できます．(1)の場合も(2)の場合も同じように成り立ってくるが，ここでは(1)の方を示しておこう．(1)で C′ は円 C を拡大したものだから，P′ で円 C′ にひいた接線は S で円 C にひいた接線に平行である．また，P で円 C にひいた接線と S で円 C に

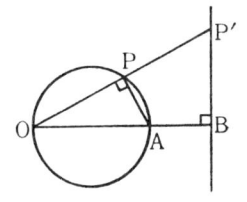

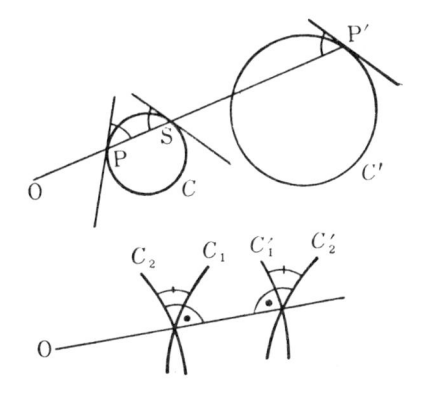

ひいた接線とは，直線 OPS と等しい角で交わっている．このことから，
　　　P で円 C にひいた接線と，P′ で円 C′ にひいた接線は，直線 OPP′
　　　と等しい角をなしている
ことがわかる．
　したがって，P を通る2つの円 C_1, C_2 の反転 C_1', C_2' を作ると，C_1, C_2 が P でなす角は，C_1', C_2' が交点 P′ でなす角に等しいことも導かれる．
Q. 円のときはわかりましたが，一般の曲線のときはどうですか．
A. そのときは，交点で2つの曲線に接する2つの円をつくって考えればよい．
Q. 定理3を極座標で証明するのにはどうすればよいのですか．
A. 点 O を原点にとり，点 P, P′ の極座標を $(r, \theta), (r', \theta)$ とすると，$rr' = k$．これと，
$$\text{円}\quad r^2+b^2-2br\cos\theta = a^2, \qquad \text{直線}\quad r\cos\theta = p$$
とをもとにして考えればできます．本質的には，60ページの証明と通ずるところがあります．
Q. 等角写像というのも面白そうですね．もっとお話しして頂けませんか．
A. このことは，これからたびたび出てくることで，複素関数の理論の1つの焦点となることです．先の楽しみですね．

§3. 1次分数関数の特性

1次分数関数
$$w = \frac{az+b}{cz+d} \tag{1}$$
による写像 $z \longrightarrow w$ は，定理5，定理6で述べたような目ぼしい性質をもっている．この写像について，もっと詳しく調べていくことにしよう．

　まず，1次関数 　　　　　$w = az+b$
については，z の z_1, z_2, z_3 に対応する w の値を w_1, w_2, w_3 とすると，
$$\frac{w_3-w_1}{w_2-w_1} = \frac{z_3-z_1}{z_2-z_1}$$
であることは，54ページで示した通りである．1次分数関数では，次のことがいえる．

§3 1次分数関数の特性

定理7 $w = \dfrac{az+b}{cz+d}$ $(ad-bc \neq 0)$ による写像 $z \longrightarrow w$ で，z_1, z_2, z_3, z_4 に w_1, w_2, w_3, w_4 が対応すると，

$$\frac{w_3-w_1}{w_3-w_2} : \frac{w_4-w_1}{w_4-w_2} = \frac{z_3-z_1}{z_3-z_2} : \frac{z_4-z_1}{z_4-z_2} \tag{2}$$

これは，次のようにいえる．

  4つの数の複比は，1次分数関数による変換について不変である．

証明 $\quad w_i = \dfrac{az_i+b}{cz_i+d}$ $(i=1,2,3,4)$

だから， $\quad w_3 - w_1 = \dfrac{az_3+b}{cz_3+d} - \dfrac{az_1+b}{cz_1+d} = \dfrac{(ad-bc)(z_3-z_1)}{(cz_3+d)(cz_1+d)}$

同様に， $\quad w_3 - w_2 = \dfrac{(ad-bc)(z_3-z_2)}{(cz_3+d)(cz_2+d)}$

したがって， $\quad \dfrac{w_3-w_1}{w_3-w_2} = \dfrac{cz_2+d}{cz_1+d} \dfrac{z_3-z_1}{z_3-z_2}$

同様に $\quad \dfrac{w_4-w_1}{w_4-w_2} = \dfrac{cz_2+d}{cz_1+d} \dfrac{z_4-z_1}{z_4-z_2}$

これで，定理の式が導かれる．

注 この定理と40ページ例題3とによって60ページの定理5を導くこともできる．

定理7によると，

z_1, z_2, z_3 を，それぞれ w_1, w_2, w_3 へ移す1次分数変換は，

$$\frac{w-w_1}{w-w_2} : \frac{w_3-w_1}{w_3-w_2} = \frac{z-z_1}{z-z_2} : \frac{z_3-z_1}{z_3-z_2} \tag{3}$$

で与えられる．

このことは，次のようにしてわかる．まず，この式で $z = z_1$ とおくと右辺は0となり，したがって左辺も0で $w = w_1$．$z = z_2$，$z = z_3$ とおくときも，同じような考えで，それぞれ $w = w_2$，$w = w_3$ となる．また，

$$k = \frac{w_3-w_1}{w_3-w_2} \bigg/ \frac{z_3-z_1}{z_3-z_2}$$

とおくと，(3)は， $\quad \dfrac{w-w_1}{w-w_2} = k \dfrac{z-z_1}{z-z_2}$ $(k \neq 0)$ $\tag{4}$

これから、
$$czw+dw-az-b=0$$
$$(a=w_1-kw_2,\ b=-w_1z_2+kw_2z_1,\ c=1-k,\ d=kz_1-z_2)$$
が得られて、
$$w=\frac{az+b}{cz+d}$$
となる。この場合、$c=0$, $d=0$ となることや $\dfrac{a}{c}=\dfrac{b}{d}$ となることはない。

例 $-1,\ 1,\ 0$ をそれぞれ $-1,\ 1,\ i$ へ移す1次分数関数

前ページの (3) によると、これは次の式から求められる。
$$\frac{w-(-1)}{w-1}:\frac{i-(-1)}{i-1}=\frac{z-(-1)}{z-1}:\frac{0-(-1)}{0-1}$$

これから、
$$\frac{w+1}{w-1}=\frac{1+i}{1-i}\cdot\frac{z+1}{z-1}$$

wについて解いて、
$$w=-i\,\frac{z+i}{z-i}$$

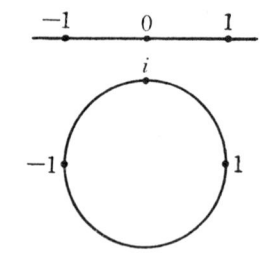

1次分数関数の不動点

$$w=\frac{az+b}{cz+d}\quad(ad-bc\neq0)\tag{1}$$

による写像 $z\longrightarrow w$ において、変わらない数、つまり $z\longrightarrow z$ となる z を考えよう。これが変換の不動点である。

この z は、
$$z=\frac{az+b}{cz+d}\quad\text{つまり、}\quad cz^2+(d-a)z-b=0\tag{2}$$
の根である。そこで、次の2つの場合に分けて考える。

(i) 不動点が2つあるとき、

これを α,β とすると、$z=\alpha,\ z=\beta$ は (2) をみたすことから前ページ(4)によって、
$$\frac{w-\alpha}{w-\beta}=k\frac{z-\alpha}{z-\beta}\quad(k\neq0)\tag{A}$$

(ii) 不動点がただ1つのとき、

これには、$c=0$ のときと $c\neq0$ のときがある。

$c=0$ のときは、不動点 α によって (1) は、次のようになる。

$$w-\alpha = k(z-\alpha) \tag{B}$$

$c \neq 0$ のときは，(2) が 2 重根をもつわけで，

$$\alpha = \frac{-(d-a)}{2c}, \quad (d-a)^2 + 4bc = 0 \tag{3}$$

そして，
$$w-\alpha = \frac{az+b}{cz+d} - \frac{a\alpha+b}{c\alpha+d} = \frac{(ad-bc)(z-\alpha)}{(cz+d)(c\alpha+d)}$$

(3) を使って計算すると，

$$\frac{1}{w-\alpha} = \frac{1}{z-\alpha} + m \quad \left(m = \frac{2c}{a+d}\right) \tag{C}$$

こうして，次の結果が得られた．

定理 8 1 次分数関数 (1) は，不動点を用いると，(A) (B) (C) のどれかの形に表わすことができる．

2 つの不動点 α, β をもつ 1 次分数変換

$$\frac{w-\alpha}{w-\beta} = k\frac{z-\alpha}{z-\beta} \tag{A}$$

による同じ複素平面の上での写像 $z \longrightarrow w$ について考えよう．

いま，$\left|\dfrac{z-\alpha}{z-\beta}\right| = c$ （一定），つまり $\dfrac{|z-\alpha|}{|z-\beta|} = c$

をみたす点 z の軌跡を考えると，これは 2 点 α, β からの距離の比が一定の点の軌跡だから，円（アポロニウスの円）または直線である．その全体を $\{K\}$ とする．

これに対応する w は，$\left|\dfrac{w-\alpha}{w-\beta}\right| = |k|c$

をみたす同じ仲間 $\{K\}$ の円または直線をえがく，

また，$\angle\left(\dfrac{z-\alpha}{z-\beta}\right) = \varphi$ （一定），つまり $\angle(z-\alpha) - \angle(z-\beta) = \varphi$

となる点 z の軌跡は 2 点 α, β を通る円または直線で，その全体を $\{L\}$ とするとこれに対応する w も，同じ仲間 $\{L\}$ の円または直線

$$\angle\left(\frac{w-\alpha}{w-\beta}\right) = \angle(k) + \varphi$$

をえがく．

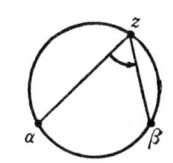

66　第3章　1次関数

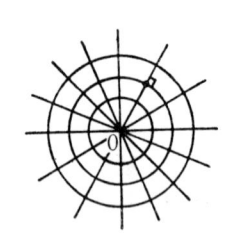

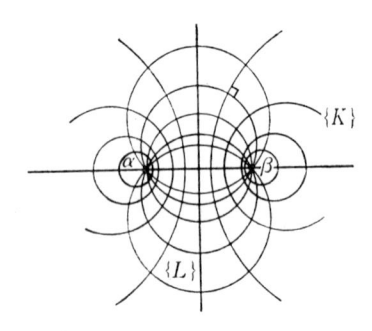

つぎに、この平面全体に、
$$z' = \frac{z-\alpha}{z-\beta} \tag{1}$$
による変換 $z \longrightarrow z'$ を施すと、上で考えた2つの系 $\{K\}, \{L\}$ は、
$$|z'| = c, \quad \angle(z') = \varphi$$
となるもので、この同心円と原点を通る直線とは直交するから、(1)が等角写像であることによって、はじめの円または直線の2つの系 $\{K\}, \{L\}$ も直交することがわかる.

§4. ∞ と数球面

1次分数関数
$$w = \frac{az+b}{cz+d} \quad (ad-bc \neq 0) \tag{1}$$
によって、複素平面 C をそれ自身へ移す場合を考えよう. このとき $c \neq 0$ とすると、
$$z = -\frac{d}{c} \text{ に対応する } w \text{ の値はない}$$
ことになる. また、(1)を逆に z について解けば、
$$z = \frac{-dw+b}{cw-a} \tag{2}$$
となって、
$$w = \frac{a}{c} \text{ に対応する } z \text{ の値はない}$$
ということになる.

こうして、(1)による $z \longrightarrow w$ も、(2)による $w \longrightarrow z$ も、複素平面 C から C への1対1の写像というわけでなく、僅か1つの除外点があるのである.

(1) で $z \longrightarrow -\dfrac{d}{c}$ とすれば, $ad-bc \neq 0$ によって, $|w| \longrightarrow \infty$ となる.
(2) でも同様である.

そこで, 複素平面上で点 z について
$$|z| \longrightarrow \infty$$
としたとき, z が近づいていく点を新たに考えて, これを無限遠点と呼び, これに対応する新しい数を考えて, これを複素数の立場での無限大 ∞ とする.

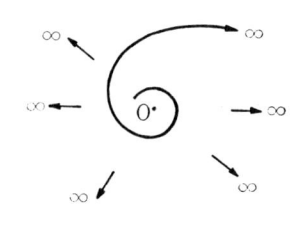

この場合, 実数のときとちがって, $+\infty$ と $-\infty$ の区別はしないで,
$$\text{無限大} \infty \text{はただ 1 つである}$$
と約束し,
$$z = \infty \text{ のとき,} \quad z+a = \infty, \quad \frac{1}{z} = \frac{1}{\infty} = 0$$
というような計算をすることにする.

この ∞ を複素数全体 C へつけ加えたものを C^* で表わすことにすると, 次のことがいえる.

> 1 次分数関数 (1) による写像 $z \longrightarrow w$ は, C^* を 1 対 1 にそれ自身の上へ移す. (いわゆる全単射である)

Q. これまでの話は, きちんとした数学らしく, 概念がはっきりしていましたが, この ∞ というのは, どうもすっきりしませんね. 図学で透視図を学んだときは, 無限遠点は, 地平線や水平線というように, 1 直線の上に無数に並んでいて, これを平面の上の無限遠直線を目に見えるようにしたものと教えられましたが, ここの無限遠点は, ただ 1 点だといいます. どうちがうのでしょうか.

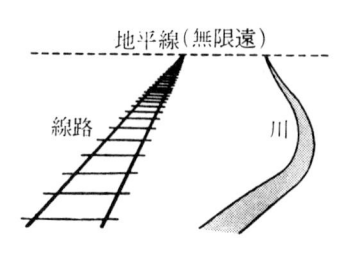

A. それは,
> 平面に無限遠点をつけ加えて, ある種の理論がやりやすくなるようにする

というので, 目的によってちがったやり方をするのです. 難しい言葉でいうとコンパ

クト化(完全化, compactification) というのです.

Q. それでは, この場合の∞をもっと数学的に明確にすることはできないのですか.

A. それはできます. それには, 1つの複素数でなく2つの複素数の対(つい) (v_1, v_2) を考えて次のようにします. まず, $(0,0)$ は除外する. つまり, 複素数の集合 C を2つとって作った直積 $C \times C$ で, $(0,0)$ を除く. その全体を Γ とし, これを

$$u_1 = kv_1, \ u_2 = kv_2 \ (k \neq 0) \rightleftarrows (u_1, u_2) \sim (v_1, v_2)$$

という同値律によって分類する. (74 ページ参照) これを C^* とする. そして,

C^* の中で, $(v_1, v_2)(v_1 \neq 0)$ の属する類を $z = \dfrac{v_2}{v_1}$ という複素数と1対1に対応させる

ことにする. そうすると, C^* の元で1つの複素数に対応しないものは只1つ $(0,1)$ のふくまれる類である. これを∞とする.

そこで, Γ の中で,

$$v_1' = av_1 + bv_2, \ v_2' = cv_1 + dv_2 \ (ad - bc \neq 0)$$

という1次変換 $(v_1, v_2) \longrightarrow (v_1', v_2')$

を考えると, これは, C^* の∞以外の元(つまり C の元)に対しては,

$$z' = \frac{v_2'}{v_1'}, \ z = \frac{v_2}{v_1}$$

とおいて, $$z' = \frac{bz + a}{dz + c}$$

となる. この C^* と∞の考えは, 次のように図形で考えると, もっと直観的によくわかります.

数 球 面

複素平面の原点Oでこの平面に接する球面を S とし, Oを一端とする直径の他端をNとする. Nと複素平面の上の点Pとを結ぶ直線と球面 S との交点をQとする. この方法でPにQを対応させることを極投影 (stereographic projection) という.

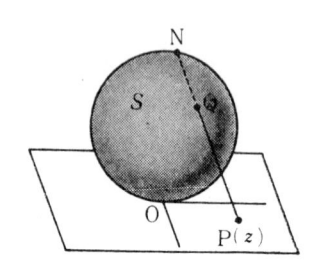

球面 S の点Qに, 複素平面上の対応点Pの複素数値 z を付随させて考えるとき, この球面を数球面という. 数球面 S の点Nは複素数での∞に対応しているものとする. こうすることによって,

1次分数関数による写像は，数球面では1対1の写像であるといえる．

また，極投影については，

定理9 極投影は，平面と球面の間の等角写像である．

さらに，平面上の円または直線には，球面上で円が対応する

証明 Nと平面上の点Pを結ぶ直線が球面Sと交わる点をQとすると，NO⊥OP, OQ⊥NPによって，

$$\text{NP}\cdot\text{NQ} = d^2 \quad (d は S の直径) \quad (1)$$

となり，変換 P $\longrightarrow$ Q は空間での反転になっている．これが等角写像であることは，平面上の反転の場合と全く同じようにしてわかる．

つぎに，この複素平面 E 上に円周 C を考えると，これは，1つの球面 S_1 と E との交線である．いま，(1)できまる反転を S_1 と E に施すと，S_1 がNを通っていないとするとき，

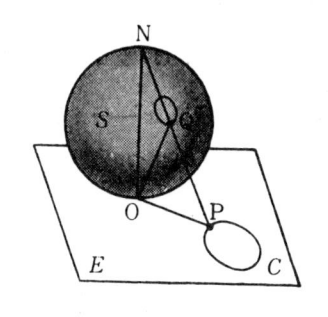

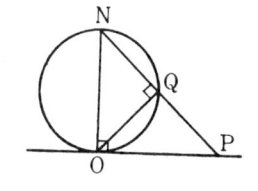

S_1 の反転は1つの球面 S_2　　平面 E の反転は球面 S

であることから，C の反転は S_2, S の交線で，これは円周である．また，E 上の直線にも S 上の円周が対応する．

定理9から，次のことがいえる．

定理10 1次分数変換は，数球面上で円周を円周に移す変換である．

とくに，
$$w = \frac{az+b}{-\bar{b}z+\bar{a}} \quad (a\bar{a}+b\bar{b}=1)$$

で表わされる変換は，定理8の(A)の形に変形できて，球面の回転を表わすことがわかっている．(191ページ参照)

§5. 1次変換群

1次式 $\qquad w = az+b \quad (a \neq 0)$ (1)

による1次変換 $z \longrightarrow w$ の全体を G とすると，次のことがいえる．

(I) G は恒等変換 (何も変えない変換) $z \longrightarrow z$ を含んでいる．

それは，(1) で $a=1, b=0$ の場合である．

(II) G の任意の変換の逆変換は，やはり G の変換である．

それは，(1) を z について解くと，$\quad z = \dfrac{1}{a}w - \dfrac{b}{a}$

この変換 $w \longrightarrow z$ は (1) の形の変換で，G に属する．

(III) G の2つの変換を続けて行なった結果は，やはり G の変換である．

それは， $\qquad f : z \longrightarrow u, \ u = az+b$
$\qquad\qquad\qquad g : u \longrightarrow w, \ w = cu+d$

は G の変換で，その合成 $w = g(u) = g(f(z))$ は，

$$w = cu+d = c(az+b)+d = caz+(bc+d)$$

となって，$ca \neq 0$ であることから，これは G に属する．

一般に，変換 $z \longrightarrow w$ の集合 G があって，次の3つの条件が成り立つとき，G は変換群をなすという．

(I) G は恒等変換を含む．

(II) G の変換の逆変換は，すべて G に含まれる．

(III) G の2つの変換の合成は，G の変換である．

こうして， $\qquad w = az+b \quad (a \neq 0)$

による1次変換の全体は群をなしているわけである．

また， $\qquad w = e^{i\theta}z+b \quad$ (θ は任意の実数，b は複素数) の全体も群をなしている．

$\qquad w = z+b$ の全体， $\quad w = e^{i\theta}z$ の全体
$\qquad w = kz+b \quad$ (k は 0 でない実数) の全体

もそれぞれ変換群になっている．

Q. いろいろと質問があります。まず，ふつう群の定義としては，次のようですね．

集合 G があって，その元を $a, b, c, \cdots\cdots$ とする．このとき，G の任意の2つの元について結合が考えられ，a, b の結合を ab で表わすとき，次のことが成り立っているならば，G はこの結合について群をなすという．

(1) $a \in G$, $b \in G$ ならば，$ab \in G$

(2) G の任意の元 a に対して，共通に
$$ae = ea = a$$
となる e が1つ只1つ存在する．e を単位元という．

(3) 単位元 e と任意の元 a に対して，
$$ax = e, \ xa = e$$
となる x が1つ只1つ存在する．この x を a の逆元という．

(4) G の3つの元 a, b, c について，
$$(ab)c = a(bc)$$

ところで，これらの条件と前ページの (I)(II)(III) をくらべると，

$$(2) \longrightarrow (\mathrm{I}), \quad (3) \longrightarrow (\mathrm{II}), \quad (1) \longrightarrow (\mathrm{III})$$

となりますが，(4)に当るものがありません．これはなぜですか．

A. ここで考えているのは，変換の群です．この場合には(4)はいつでも成り立っているのです．実際，
$$z \longrightarrow f(z), \quad z \longrightarrow g(z), \quad z \longrightarrow h(z)$$
という3つの変換で，その合成 $(fg)h$, $f(gh)$ を考えると，両方共
$$z \longrightarrow f(g(h(z)))$$
です．

Q. この群の定義というのは，一体どんな意味をもっているのですか．

A. それはあとから述べましょう．

1次分数変換

$$w = \frac{az+b}{cz+d} \quad (ad-bc \neq 0) \tag{1}$$

の全体は群をなしていることは，次のようにしてわかる．

まず，$b=0$, $c=0$, $a=d$ のとき， $w=z$

(1)の逆変換は，これを z について解いて

$$z = \frac{-dw+b}{cw-a}$$

このときの $w \longrightarrow z$ も，変換としては (1) の形である．
また，
$$f(z) = \frac{az+b}{cz+d}, \quad g(z) = \frac{pz+q}{rz+s} \tag{2}$$
$$(ad-bc \neq 0, \ ps-qr \neq 0)$$
とすると，
$$g(f(z)) = \frac{(pa+qc)z+(pb+qd)}{(ra+sc)z+(rb+sd)} \tag{3}$$
で，　　$(pa+qc)(rb+sd)-(pb+qd)(ra+sc) = (ad-bc)(ps-qr) \neq 0$
となって，$g(f(z))$ も (1) の形である．これで，(1) の全体が群をなすことがわかった．

また，(1) でなくて，その一部分で群をなすもの (部分群) としては，次のようなものがある．それらは，

$ad-bc = 1$ をみたすものの全体

a, b, c, d が実数であるものの全体

$\bar{a} = d, \ \bar{b} = -c$ であるものの全体

$\bar{a} = d, \ \bar{b} = -c, \ a\bar{a}+b\bar{b} = 1$ であるものの全体

などである．

Q. 1次分数変換の合成 (3) では，(2) の係数を行列でかくと，
$$\begin{pmatrix} p & q \\ r & s \end{pmatrix} \begin{pmatrix} a & b \\ c & d \end{pmatrix} = \begin{pmatrix} pa+qc & pb+qd \\ ra+sc & rb+sd \end{pmatrix}$$
となって，ちょうど行列の積になっていますね．だから，1次分数変換は行列で考えてよいのでしょうか．

A. その通りです．1次変換 $(x, y) \longrightarrow (u, v)$ が
$$\begin{array}{l} u = ax+by \\ v = cx+dy \end{array} \quad \text{行列で，} \begin{pmatrix} u \\ v \end{pmatrix} = \begin{pmatrix} a & b \\ c & d \end{pmatrix} \begin{pmatrix} x \\ y \end{pmatrix}$$

で与えられているとき，$w = \dfrac{u}{v}, \ z = \dfrac{x}{y}$ とおきますと，
$$w = \frac{az+b}{cz+d}$$
となります．だから，x, y の1次変換と z の1次分数変換とは，本質的に関連してい

るのです.

Q. しかし,対応は1対1というわけにはいきませんね.
$$w = \frac{az+b}{cz+d}, \quad w = \frac{kaz+kb}{kcz+kd}$$
は同じ変換ですから.

A. 大切なことに気がつきましたね. とくに,
$$w = \frac{az+b}{-\bar{b}z+\bar{a}} \quad (a\bar{a}+b\bar{b}=1) \tag{4}$$
というような変換と, 1次変換
$$\begin{aligned} u &= ax+by \\ v &= -\bar{b}x+\bar{a}y \end{aligned} \quad (a\bar{a}+b\bar{b}=1) \tag{5}$$
とは1対2に対応しています. それは,
$$\begin{aligned} u &= (-a)x+(-b)y \\ v &= \bar{b}x-\bar{a}y \end{aligned} \quad (a\bar{a}+b\bar{b}=1)$$
も(4)に対応する(5)の形の変換で, (4)に対応する(5)の形のものはこの2つに限るのです. (5)は特殊ユニタリ変換と呼ばれ, 重要なものです.

変換群と合同

いま,複素平面上に,点の変換 $z \longrightarrow f(z)$ があって,そのような変換の集まりが群をなしているとする. この群を G とする.

つぎに,この平面上にいろいろな図形(点の集合)を考え,それらの全体を M とし, 図形 F に G の変換 f をほどこしてできる図形を $f(F)$ で表わすことにする.

このとき, M の2つの図形 F, F' について,
$$F' = f(F) \quad (f \in G)$$
となっているとき,
$$F \sim F'$$
とかくことにすると, G が群をなすことから次のことが導かれる.

(0) M の任意の2つの図形 F, F' について,
$$F \sim F' \text{ である} \qquad F \sim F' \text{ でない}$$
のどちらか一方だけが成り立つ.

(I)　$F \sim F$

(II)　$F \sim F'$ ならば，$F' \sim F$

(III)　$F \sim F'$, $F' \sim F''$ ならば，$F \sim F''$

それは，(0)は明らかであるし，(I)(II)(III)は 70 ページの (I)(II)(III) から容易に導かれる．実際，(I) は $F = e(F)$ (e は恒等変換)，(II) は $F' = f(F)$ ならば，$F = f^{-1}(F')$ であること．(III) は

$$F' = f(F),\ F'' = g(F')\ \text{ならば},\ F'' = gf(F)\quad (gf \in G)$$

によってわかる．

上の条件 (0)(I)(II)(III) によって，

　　図形の集合 M を部分集合に分類して，F, F' が，

　　　　同じ集合に属すれば，$F \sim F'$

　　　　属さなければ，$F \sim F'$ でない

というようにできる．

Q.　ここの所をもう少し詳しく説明して下さい．
A.　一般に，集合 M がいくつかの部分集合に分れていて，同じ組に属することを $a \sim b$ とかくことにすると，

(0)　$a \sim b$, $a \sim b$ でない　のどちらか一方だけが成り立つ．

(1)　$a \sim a$

(2)　$a \sim b$ ならば，$b \sim a$

(3)　$a \sim b$, $b \sim c$ ならば $a \sim c$

となっている．これは当りまえのことです．ところが，その逆が極めて大切で，これは次のようです．

定理　集合 M と，その元の間の関係 $\sim$ が与えられていて，これについて (0)(1)(2)(3) が成り立っているとする．

このとき，M を部分集合に分類して，

　　a, b が同じ部分集合に属していれば，$a \sim b$

　　　　属していないときは，$a \sim b$ でない

というようにすることができる．

これが分類の基本定理です．

Q.　一度聞いたことがあります．証明は，(0)～(3) を使って，簡単にやれました．実例

もいくつか聞いたのですが.
A. 数学のいたる所に出てくることです．通俗的な例では，

M を人の集合　$a \sim b$ は，a が b を好き

ということにするとよくわかります．
Q. ここでは，この定理を変換群と結びつけて使っているわけですね．これがどのように展開していくのでしょうか．
A. 図形の広い意味での合同という概念が，これから出てくるのです．ここでの話は，複素平面の上だけでなく，もっと一般のことです．

変換群 G をもとにして図形の集合 M を前ページで述べたように分類するとき，

$F \sim F'$ のことを，F と F' は合同である

ということにする．この場合，G を平面上の移動

$$w = e^{i\theta}z + \alpha, \quad w = e^{i\theta}\bar{z} + \alpha$$

の全体にとると，上の一般化された合同は，ふつうの意味での合同になる．ところが，G を一般の1次変換

$$w = \alpha z + \beta \quad (\alpha \neq 0)$$

の全体にとると，

表向きに相似な三角形はすべて合同

ということになる．同じように，1次分数変換群による合同がいろいろと考えられるのであるが，ここでは深入りしないことにする．

Q. 合同というのも，随分広い意味をもつのですね．
A. そうです．こういうことをはっきりさせたのは，クライン (F. Klein 1849—1925) という人です．

問題 3 (答は p.196)

1. 複素平面上で，$w = az + b \ (a \neq 0)$ による変換 $z \longrightarrow w$ は，平行移動，またはある1点のまわりに回転して拡大縮小することになっている．これを証明せよ．
2. 複素平面上で，原点を通って実軸と角 α をなす直線について点 z と点 w が対称であるとき，w を z で表わせ．

3. 右の模様をそれ自身の上へ重ねる移動は，正六角形の1辺の長さを $\frac{1}{\sqrt{3}}$，1つの辺の向きを虚軸の方向にとるとき，次の式のどちらかによる変換 $z \longrightarrow w$ で表わされることを示せ。 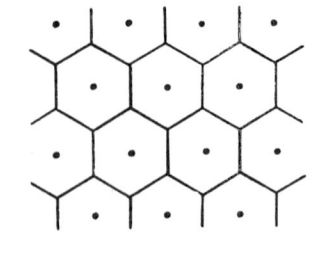
($\gamma = e^{i\frac{\pi}{3}}$ とする)
$$w = \gamma^a z + b + c\gamma$$
$$w = \gamma^a \bar{z} + b + c\gamma$$
($a = 0, 1, 2, \cdots, 5$. b, c は任意の整数)

4. 次のことを証明せよ。(単位円とは，原点を中心とする半径1の円をいう)
  (1) $w = \dfrac{az-b}{\bar{a}z-\bar{b}}$ による $z \longrightarrow w$ は，実軸を単位円に移す。
  (2) $w = \dfrac{az-b}{\bar{b}z-\bar{a}}$ による $z \longrightarrow w$ は，単位円を単位円に移す。

5. 次の1次分数変換の式を求めよ。
  (1) $1, 2, 3$ を $0, 1, i$ へ移すもの　　(2) $1, 2, 3$ を $1, 3, 6$ へ移すもの

6. 次の1次分数変換の式を64, 65ページの(A), (C)の形に直せ。また，このとき，この変換 $w = f(z)$ を n 回繰返すとどうなるか。
  (1) $w = \dfrac{3iz+1}{-z+3i}$　　(2) $w = \dfrac{3z-4}{z-1}$

7. 次の6つの1次分数変換の全体は，群をなすことを示せ。
$$f_1(z) = z \qquad f_2(z) = \frac{1}{1-z} \qquad f_3(z) = \frac{z}{z-1}$$
$$f_4(z) = \frac{1}{z} \qquad f_5(z) = 1-z \qquad f_6(z) = \frac{z-1}{z}$$

8. 数球面の上で，直径のまわりの回転は，複素数を使って， 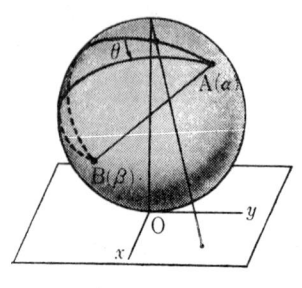
$$\frac{w-\alpha}{w-\beta} = e^{i\theta}\frac{z-\alpha}{z-\beta} \qquad (\alpha\bar{\beta} = -1)$$
による変換 $z \longrightarrow w$ によって与えられる。これを証明せよ。

9. 極投影によって，点 $N(0, 0, 1)$ を通る直線が球面 $X^2 + Y^2 + Z^2 = Z$ と交わる点 $Q(X, Y, Z)$ と平面 $Z = 0$ と交わる点 $P(x, y, 0)$ とを対応させる。$z = x + yi$ とおけば
$$X + iY = \frac{z}{1+|z|^2}, \qquad Z = \frac{|z|^2}{1+|z|^2}$$
であることを証明せよ。

第4章　2 次 関 数

　式で表わされる関数の範囲で，1次関数に続いてでてくるのは，ふつう2次関数である．ここでも，複素変数 z の2次関数を考えてみよう．それは，
$$w = \alpha z^2 + \beta z + \gamma \qquad (\alpha, \beta, \gamma \text{ 複素数}, \alpha \neq 0)$$
という2次式によってきまる関数 $z \longrightarrow w$ である．この関数も，本質的には，$w = z^2$ に帰着する．

　関数 $f: z \longrightarrow w$ を複素平面で表わすことは，1次関数の場合には，1つの平面の上の移動や相似変換として扱ってきた．しかし一般には，2つの複素平面を用意して一方の上の点 z から他方の上の点 w への写像として扱うのがよい．$w = z^2$ の場合もそうである．

　関数 $\sqrt{z}$ は z^2 の逆関数である．これを考察することも，複素数の関数の重要なポイントで，ここにも，複素数なるがゆえの難しさ，面白さがでている．

§1. 関数 $w = z^2$

　2次関数は，
$$w = \alpha z^2 + \beta z + \gamma \qquad (\alpha \neq 0)$$
で与えられる関数である．この場合，
$$\alpha z^2 + \beta z + \gamma = \alpha\left(z + \frac{\beta}{2\alpha}\right)^2 + \left(\gamma - \frac{\beta^2}{4\alpha}\right)$$
と変形し，
$$\frac{\beta}{2\alpha} = \lambda, \qquad \gamma - \frac{\beta^2}{4\alpha} = \mu$$
とおくと，
$$\alpha z^2 + \beta z + \gamma = \alpha(z + \lambda)^2 + \mu$$
となる．したがって，この関数は，

$$z \longrightarrow z+\lambda \longrightarrow (z+\lambda)^2 \longrightarrow \alpha(z+\lambda)^2 \longrightarrow \alpha(z+\lambda)^2+\mu$$

というように合成していってできるものとみられる．

この場合，$z+\lambda \longrightarrow (z+\lambda)^2$ という段階の他は1次関数である．1次関数については，前の章で詳しくしらべたから，結局，

$$w = z^2 \tag{1}$$

という関数が眼目になる．そこで，これを考えてみよう．

この関数によると，複素平面上の点 z が点 w へ移るわけであるが，この場合，z のある平面と w のある平面とは，ちがった平面 C, C' にとって，C から C' への写像と考えるのがよい．

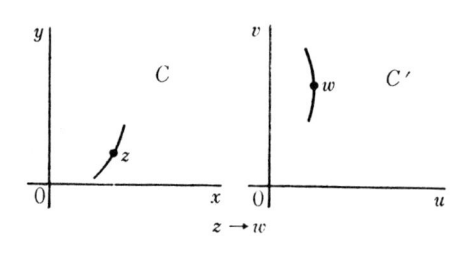

この考えで，(1) による写像 $z \longrightarrow w$ を考察する．ここでは，

(A) 点 z が原点を中心とする円，原点を通る直線をえがくとき，点 w はどんな線をえがくか

(B) 点 z が実数軸および虚数軸に平行な直線をえがくとき，点 w はどんな線をえがくか

という問題を考えてみよう．

(A) この場合は，$z = re^{i\theta} = r(\cos\theta + i\sin\theta)$

とおいて，極形式で考えるのがよい．そうすると，

$$w = z^2 = r^2 e^{i2\theta} = r^2(\cos 2\theta + i\sin 2\theta)$$

であって，

点 z が原点を中心とする半径 r の円周上を動けば，点 w は原点を中心とする半径 r^2 の円周上を動き，偏角はつねに2倍になっている．

したがって，

点 z が円周上を1周する間に，点 w は2周する．

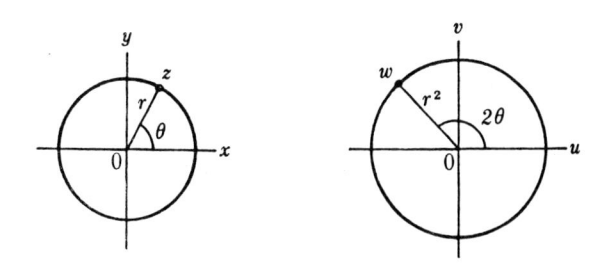

つぎに，$\theta=\alpha$（一定）のとき $2\theta=2\alpha$（一定）だから，点 z が原点から出て半直線 $\theta=\alpha$ 上を進むと，点 w も原点から出て半直線（偏角 2α）上を進む．また，z が同じ直線上を反対の方向に進むことは，$\theta=\pi+\alpha$ の場合と考えられるが，この場合
$$w=r^2e^{i2(\pi+\alpha)}=r^2e^{i2\alpha}$$
となって，w の進む線は，はじめの場合と同じ半直線（偏角 2α）である．こうして，次のことがわかった．

> 点 z が原点をとおる直線 l（偏角 $\alpha, \pi+\alpha$）を無限の遠方から無限の遠方まで動くとき，点 w は偏角 2α の半直線 m の上を無限の遠方から原点に達し，ふたたび同じ線の上を無限の遠方へもどっていく．

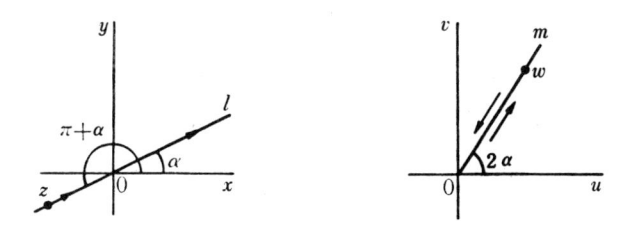

(B) 点 z が実軸，虚軸に平行な直線上を動く場合のことを考えるのには，
$$z=x+yi \quad (x, y \text{ は実数}) \tag{1}$$
とおくのがよい．このとき，

$$w = z^2 = u+vi \quad (u,v \text{ は実数}) \tag{2}$$

とおくと,
$$u+vi = (x+yi)^2 = (x^2-y^2)+2xyi$$

であることから,
$$u = x^2-y^2, \quad v = 2xy \tag{3}$$

ここで, 点 z が y 軸に平行な直線
$$x = a \quad (a \text{ は一定})$$

の上を動くときは,
$$u = a^2-y^2, \quad v = 2ay \tag{4}$$

この式で y の値をかえると, 点 (u,v) はどんな線の上を動くかを調べてみる.

それには (4) から y を消去すると,
$$v^2 = 4a^2(a^2-u) \tag{5}$$

$a \neq 0$ ならば, これは $v = 0$ を主軸とし, 頂点が $(a^2, 0)$ の放物線で, 焦点がちょうど原点になっている. このことは, 一般に,

放物線 $y^2 = 4px$ の焦点は $(p, 0)$

であることによってわかる.

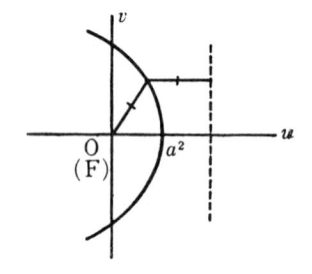

また, $a = 0$ のときは, (5) は直線
$$v = 0$$

になるが, (4) によれば, 点 w のえがく線は, この直線の $u \leq 0$ の部分である.

そこで, a の値をいろいろと変えてみると, $u = a(\neq 0)$ に対応する放物線というのは, すべて,

原点を焦点とし, $v = 0$ を主軸とする放物線

であって, その図を示すと次ページのようである. このとき, $x = a, x = -a$ の 2 つの場合に対し, 対応する放物線は同じである.

§1 関数 $w=z^2$ 81

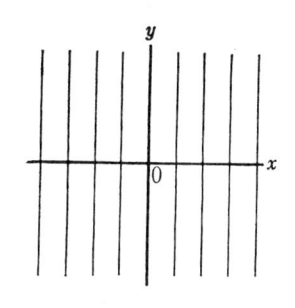

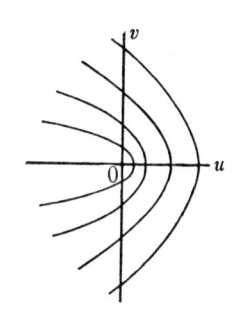

つぎに，点 z が x 軸に平行な直線

$$y = b \quad (b \text{ は一定})$$

をえがくときは，　　　$u = x^2 - b^2, \quad v = 2bx$

これから x を消去して，

$$v^2 = 4b^2(u+b^2) \tag{6}$$

$b \neq 0$ のときは，これも原点を焦点とし，$v=0$ を主軸とする放物線である．また，$b=0$ のときは，点 w は半直線 $v=0$, $u \geq 0$ をえがく．

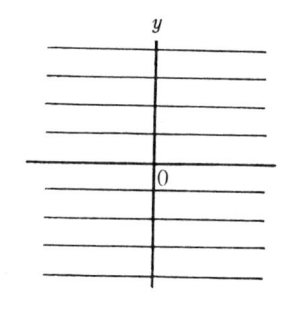

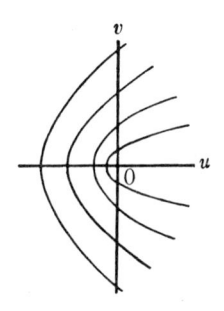

こうして，$w=z^2$ による写像で，z を表わす平面上での虚軸，実軸に平行な直線は，w を表わす平面上の放物線 (5) (6) へ移ることになる．

この場合，2 つの放物線

$$v^2 = 4a^2(a^2-u), \quad v^2 = 4b^2(b^2+u)$$

は直角に交わっている．つまり，その交点でそれぞれに引いた接線は直交している．このことは，解析幾何や微分法によって確かめられる．

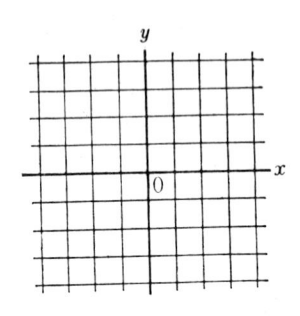

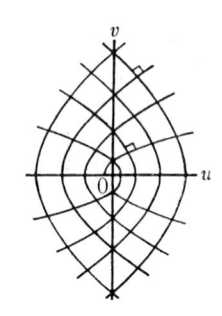

ところが，実は，この直交するという性質は，これらの放物線を生じたもとの直線 (原像)

$$x = a, \qquad y = b$$

が直交していることと密接に関連しているのであって，もっと一般に，

点 z が線 C_1, C_2 をえがくとき，写像 $z \longrightarrow w = z^2$ によって，

点 w のえがく線をそれぞれ L_1, L_2 とすると，

$$(C_1, C_2 \text{のなす角}) = (L_1, L_2 \text{のなす角})$$

ということがいえるのである．このことは，ふつう，

$w = z^2$ による写像 $z \longrightarrow w$ は等角写像である

というように言われる．このことについて，次に詳しく述べよう．

§2. 微分可能な関数と等角写像

変数が複素数の関数でも，1次関数や2次関数のように，

変数 z の式で表わされる関数

については，これを微分することは，変数が実数の場合と，ほとんど同じようにできる．

§2 微分可能な関数と等角写像

たとえば,
$$f(z) = z^2 \tag{1}$$
のとき,
$$f'(z) = \lim_{h \to 0} \frac{f(z+h)-f(z)}{h} \tag{2}$$
の計算は，次のようである．

$$f'(z) = \lim_{h \to 0} \frac{(z+h)^2-z^2}{h} = \lim_{h \to 0}(2z+h) = 2z \tag{3}$$

ここで, $h \to 0$ というのは, $h = p+qi$ (p, q は実数)とおくとき,

$$p \to 0 \quad \text{かつ} \quad q \to 0$$

ということで，また，$|h| = \sqrt{p^2+q^2} \to 0$ といってもよい．複素平面上でいえば，点 h が原点 0 に近づくことである．

また，(3) で $h \to 0$ のとき，$2z+h \to 2z$ ということも同じように考えられる．

一般に，関数 $f(z)$ に対して，

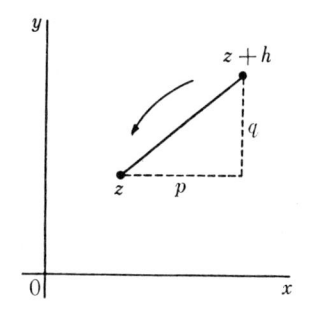

$$f'(z) = \lim_{h \to 0} \frac{f(z+h)-f(z)}{h} \tag{4}$$

が存在するとき，$f(z)$ は微分できる関数 (微分可能な関数) という．

たとえば，$f(z) = z^n$ (n 整数) のとき, $f'(z) = nz^{n-1}$

で，これは微分できる関数である．

微分可能な関数は，正則関数 (regular function) ともいう．

このとき，$w = f(z)$ とし，

$$\varDelta z = h, \quad \varDelta w = f(z+h)-f(z)$$

とおくと，(4) は次のようにかくこともできる．

$$f'(z) = \frac{dw}{dz} = \lim_{\varDelta z \to 0} \frac{\varDelta w}{\varDelta z} \tag{5}$$

そこで，正則関数 $w = f(z)$ によって，複素平面の上の点 z を，もう1つの複素平面上の点 w へ移す写像を考えると，次のことが成り立つ．

定理1 正則関数 $w=f(z)$ による写像は，$f'(z) \neq 0$ のところでは等角写像である．

証明 一般に，平面上の曲線 C は，直角座標で，
$$x=f(t), \qquad y=g(t)$$
と媒介変数 t を使って表わされるが，複素平面上では， 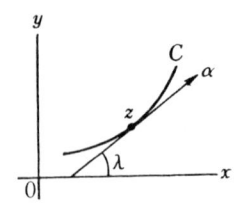
$$z=x+yi=f(t)+g(t)i$$
とかける．そうすると，接線ベクトルは，
$$\alpha = \frac{dz}{dt} = \lim_{\Delta t \to 0} \frac{\Delta z}{\Delta t} = f'(t)+g'(t)i \qquad (1)$$
という複素数で表わせる．このとき，曲線 C から $w=f(z)$ による写像 $z \longrightarrow w$ によってできる線 $w=w(t)$ の接線ベクトルに対する複素数は， 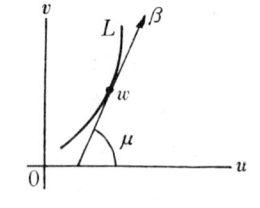
$$\beta = \frac{dw}{dt} = \lim_{\Delta t \to 0} \frac{\Delta w}{\Delta t} = \lim_{\Delta t \to 0} \frac{\Delta w}{\Delta z} \cdot \frac{\Delta z}{\Delta t} \qquad (2)$$
(1), (2) によって， $\qquad \beta = f'(z)\alpha$

そこで，複素数 $\alpha, \beta, f'(z) (\neq 0)$ の偏角をそれぞれ λ, μ, θ とすれば，
$$\mu = \lambda + \theta \qquad (3)$$

いま，$z=a$ で交わる 2 つの線 C_1, C_2 を考え，$w=f(z)$ による写像 $z \longrightarrow w$ によって C_1, C_2 から出来る線を L_1, L_2 とし，C_1, C_2 の $z=a$ での接線，および L_1, L_2 の $w=f(a)$ における接線が実軸となす角をそれぞれ $\lambda_1, \lambda_2, \mu_1, \mu_2$ とし，また $f'(a)$ の偏角を θ とすると (3) により，
$$\mu_1 = \lambda_1 + \theta, \qquad \mu_2 = \lambda_2 + \theta$$
したがって， $\qquad \mu_2 - \mu_1 = \lambda_2 - \lambda_1$

これは，2 つの線 L_1, L_2 のなす角が，それらの原像 C_1, C_2 のなす角に等しいことを示している．これで定理 1 の証明が終わる．

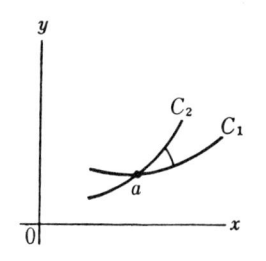

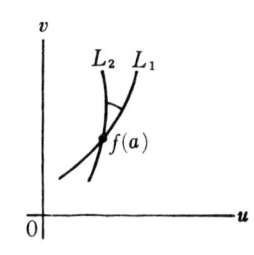

Q. 結局,写像の等角性は,$w = z^2$ の場合に限らず $f'(z) \neq 0$ の存在する関数の場合に,つねに成り立つことが証明できたわけですね.もっとも,$w = z^2$ でいうと,$z = 0$ が例外ですね.$f'(z)$ の存在する関数といえば,実数の場合と同じように,

z の整式で表わされる関数,

z の分数式で表わされる関数

などそうですね.指数関数や三角関数はどうなるのでしょうか.

A. それは,だんだんとお話ししていきます.ただ,$w = f(z)$ を

z がきまれば,w がきまる

というのを関数の定義にとれば,

$z = x + yi$ に対し, $w = (2x + 3y) + (x - y)i$

というようなものも z の関数というわけですが,このときは,$f'(z)$ は存在しないのです.こうしたことは,あとから詳しく述べます.

§3. 2次分数関数

z の2次分数式というのは,

$$w = \frac{az^2 + bz + c}{lz^2 + mz + n} \tag{1}$$

(a, l の少なくとも一方は 0 でない)

というものである.この式による写像 $z \longrightarrow w$ が2次分数関数で,これは,1次分数関数と,2次関数,または特殊な2次分数関数

$$w = z + \frac{1}{z} \tag{2}$$

との合成によって得られる.このことを示そう.

まず，$l \neq 0$ のときは，(1) は
$$w = \frac{a}{l} + \frac{rz+s}{z^2+pz+q}$$
の形に変形される．そこで，
$$z_1 = \frac{z^2+pz+q}{rz+s} \tag{3}$$
とおけば，(1) による $z \longrightarrow w$ は，
$$z \longrightarrow z_1, \quad z_1 \longrightarrow w\left(= \frac{a}{l} + \frac{1}{z_1}\right)$$
によって得られる．また，(1) で $l=0$ のときも (3) の形になる．

(3) は，$r=0$ の場合には 2 次関数である．

$r \neq 0$ のときは，$z + \dfrac{s}{r}$ を改めて z とおくと，
$$z_1 = \frac{z^2+kz+h}{rz} = \frac{1}{r}z + \frac{k}{r} + \frac{h}{r}\frac{1}{z}$$
の形になる．ここで，$h=0$ のときは，$z_1 = \dfrac{1}{r}z + \dfrac{k}{r}$ となって，1 次式である．

$h \neq 0$ のときは，$\dfrac{h}{r^2} = t^2$ となる t を使うと，
$$z_1 = \frac{1}{r}z + \frac{k}{r} + \frac{r^2t^2}{r}\frac{1}{z} = t\left(\frac{z}{rt} + \frac{rt}{z}\right) + \frac{k}{r}$$
$\dfrac{z}{rt}$ を改めて z とおくと，この式は，
$$z_1 = t\left(z + \frac{1}{z}\right) + \frac{k}{r}$$
となって，結局これは (2) に 1 次変換 $z \longrightarrow tz + \dfrac{k}{r}$ を重ねたものになっている．

2 次関数については，前にしらべたから，ここでは，
$$w = z + \frac{1}{z} \tag{2}$$
による写像 $z \longrightarrow w$ をしらべてみよう．まず，

$$z = re^{i\theta} = r(\cos\theta + i\sin\theta)$$

とおくと，
$$w = re^{i\theta} + \frac{1}{r}e^{-i\theta}$$
$$= r(\cos\theta + i\sin\theta) + \frac{1}{r}(\cos\theta - i\sin\theta)$$

そこで， $w = u + vi$ （u, v は実数）

とおくと，
$$u = \left(r + \frac{1}{r}\right)\cos\theta, \quad v = \left(r - \frac{1}{r}\right)\sin\theta \tag{3}$$

いま，点 z が原点を中心とする円をえがくとき，r は一定で，$r \neq 1$ のときは (3) から，

$$\frac{u^2}{\left(r + \frac{1}{r}\right)^2} + \frac{v^2}{\left(r - \frac{1}{r}\right)^2} = 1 \tag{4}$$

となって点 (u, v) は楕円をえがく．

一般に，楕円（または双曲線）
$$\frac{x^2}{A} + \frac{y^2}{B} = 1 \quad (A > B)$$

の焦点は，$(\pm\sqrt{A-B}, 0)$ であるから，(4) の焦点を $(\pm c, 0)$ とすると，

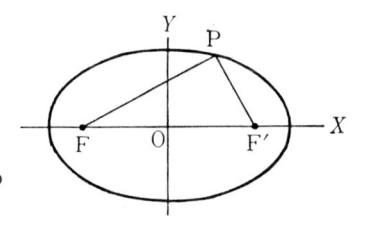

$$c^2 = \left(r + \frac{1}{r}\right)^2 - \left(r - \frac{1}{r}\right)^2 = 4, \quad \text{ゆえに} \quad c = 2$$

したがって，(4) は 2 点 $(\pm 2, 0)$ を焦点とする楕円を表わす．

また，$r = 1$ のときは，(3) は
$$u = 2\cos\theta, \quad v = 0 \tag{5}$$

となって，これは u 軸上の線分 $-2 \leqq u \leqq 2$ をえがく．

つぎに，点 z が原点を通る直線をえがくときは，θ が一定で，$\theta \neq n\frac{\pi}{2}$（$n$ 整数）のときは，(3) から r を消去して

$$\frac{u^2}{\cos^2\theta} - \frac{v^2}{\sin^2\theta} = 4 \tag{6}$$

これは双曲線で，その焦点はやはり，$(\pm 2, 0)$ である．

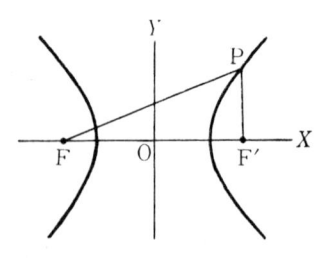

また，$\theta = k\pi$（k は整数）のときは，(3) は
$$u = \pm\left(r+\frac{1}{r}\right), \quad v = 0 \quad (7)$$
で，r が変わるにつれてこれは，u 軸上の $|u| \geqq 2$ の部分をえがく．

$\theta = \dfrac{2k+1}{2}\pi$ のときは，
$$u = 0, \quad v = \pm\left(r-\frac{1}{r}\right) \tag{8}$$
で，このときは，点 (u, v) は v 軸全体を動く．

このようにして，点 z が原点をとおる直線をえがけば，(2) によってこれに対応する点 w は，双曲線 (6)，2 つの半直線 (7)，または直線 (8) をえがく．

上の写像を一度に考えると，下の左の図から右の図への写像が得られる．この場合，z のえがく線が
$$r = 一定, \quad \theta = 一定 \tag{9}$$
のそれぞれに応じて，(3) の方は楕円，双曲線や直線をえがくが，(9) の 2 つの曲線が直角に交わっていることから，楕円 (4) と双曲線 (6) も直角に交わっていることがわかる．それは，(2) は微分可能な関数，つまり
$$f(z) = z + \frac{1}{z} \text{ とおくと}, \quad f'(z) = 1 - \frac{1}{z^2}$$
であることと，84 ページの定理 1 からわかることである．（$z = \pm 1$ が例外）

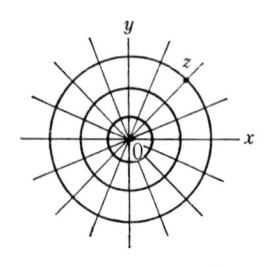

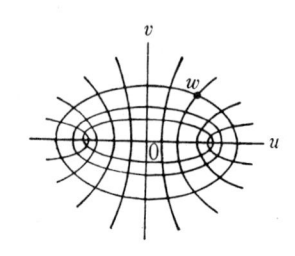

$w = z + \dfrac{1}{z}$ による写像は重要で，電磁気学や，流体力学での応用が広い．

§4. 関数 $\sqrt{z}$

これまで $w = z^2$ によって $z \longrightarrow w$ という写像を考えてきたが，ここでは，その逆を考える．そこで，z と w を入れかえて，
$$w^2 = z$$
とおいてみよう．

このとき，$w \longrightarrow z$ を考えると，点 w が複素平面上で原点のまわりを1周する間に，点 z は原点のまわりを2周する．（78ページ）　そこで $z \longrightarrow w$ として考えると，z の1つの値に対応する w の値は2つあるのである．

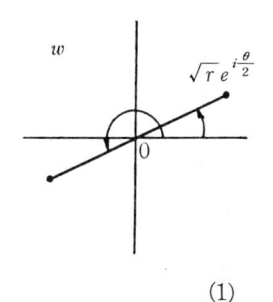

いま，$z = re^{i\theta}$ とおくと，これに対応する w は
$$\sqrt{r}\,e^{i\frac{\theta}{2}}, \quad -\sqrt{r}\,e^{i\frac{\theta}{2}} = \sqrt{r}\,e^{i\left(\frac{\theta}{2}+\pi\right)} \tag{1}$$
と2つあるわけである．この2つを合せて，
$$w = \sqrt{z}\,(= z^{\frac{1}{2}})$$
とかく．そして，
$$z = re^{i\theta}\ (0 \leqq \theta < 2\pi) \quad \text{に対し,} \quad \sqrt{r}\,e^{i\frac{\theta}{2}} \text{ を } \sqrt{z} \text{ の主値という}$$
ことにする．たとえば，$1+i = 2^{\frac{1}{2}} e^{i\frac{\pi}{4}}$ だから，
$$\sqrt{1+i} \text{ は } 2^{\frac{1}{4}}e^{i\frac{\pi}{8}} \text{ と } -2^{\frac{1}{4}}e^{i\frac{\pi}{8}} \text{ で，主値は } 2^{\frac{1}{4}}e^{i\frac{\pi}{8}}$$
ここで，$\quad e^{i\frac{\pi}{8}} = \cos\dfrac{\pi}{8} + i\sin\dfrac{\pi}{8} = \dfrac{1}{2}(\sqrt{2+\sqrt{2}} + i\sqrt{2-\sqrt{2}})$

つぎに，$w = \sqrt{z}$ (主値) による写像 $z \longrightarrow w$ によると，

全平面が，w 平面の $Im(w) \geqq 0$ の部分へ移り，

$Im(z) \geqq 0$ の部分は，$0 \leqq \angle(w) \leqq \dfrac{\pi}{2}$ の部分へ移る．

こうして，主値に限定しないときは，$w=\sqrt{z}$ による $z \longrightarrow w$ という対応は1対1でなく，z が0でない限り1対2の対応になる．このような関数を2価関数という．

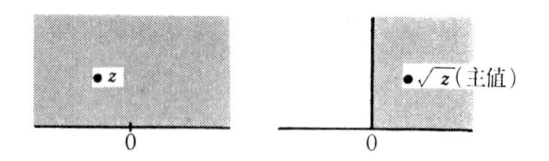

Q. これまでは，関数は1対1とか多対1の対応でしたね．ここでそうでないものを考えるのですか．

A. そういうことになります．

Q. どうして，実数のときはそうしなかったのでしょうか．$y^2=x$ から $y=\pm\sqrt{x}$ と話は同じことなのですが．

A. それが実は深い理由があるのです．実数のときは，$y=\sqrt{x}$ と $y=-\sqrt{x}$ とは，バラバラのもので，これを1つの1価関数につなげることは無理です．ところが，$w=\sqrt{z}$ のときは，これからお話しするように，自然な形で統制されてくるのです．

関数 $w=\sqrt{z}$ をある意味で1価関数にすることを考えてみよう．
$z=re^{i\theta}(0\leqq\theta<2\pi)$ とするとき，$\sqrt{z}$ としては，(1) に示した

$$w_1=\sqrt{r}\,e^{i\frac{\theta}{2}}, \qquad w_2=-\sqrt{r}\,e^{i\frac{\theta}{2}}$$

の2つが対応する．いま，z が $z=re^{i\theta}$ から出発して，$z=0$ のまわりを正の向きに1周してもとへもどると，w の値は w_1 から連続的に変化して w_2 になる．z がさらにもう1周すると，この値はふたたび w_1 へもどる．そこで，w_1 に対応している z と，w_2 に対応している z とを区別して考えられるように z 平面を拡げて，$z\to w$ の対応を1対1にすることを考える．そのため，z の平面で，実軸上の正の部分に沿って切りはなしてできる平面を E_1, E_2 と2枚用意して，これを重ねて実軸の正の部分を，次ページの図に示すように，入れちがいに貼りつける．こうしてできた面を E とし，その上で z を考える．つまり，E_1, E_2 の重なった点での z の値は同じであるが，E の点としてはちがう2点とみるのである．

§4 関数 $\sqrt{z}$ 91

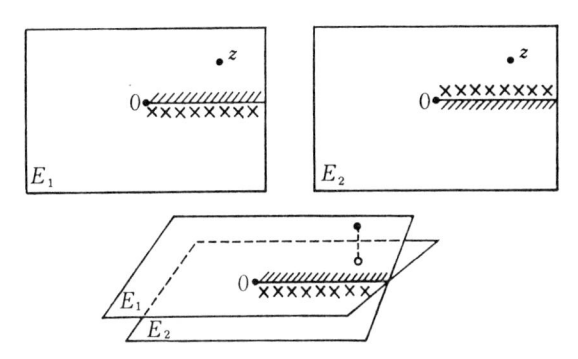

こうして作られた E と，w の平面とでは，$w = \sqrt{z}$ による対応 $z \longrightarrow w$ は 1 対 1 になってくる．

この E_1, E_2, E を数球面で考え，これらを S_1, S_2, S とすると，S は球面を 2 回覆っているわけであるが，この S をゴムの膜でできているように考えて変形していくと，結局は，球面と同じつながりをしていることがわかる．

上で作った E や，これに当るものを数球面で考えたものを，$w = \sqrt{z}$ のリーマン面 (Riemann surface) という．これによって，リーマン面から複素数平面 (または数球面) への対応は 1 対 1 になる．

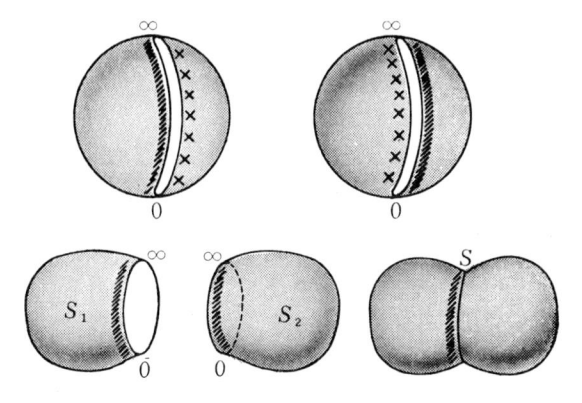

$w = \sqrt[n]{z}$ (n 自然数)

これについても，$w = \sqrt{z}$ と同じように考えることができる．それは，$z = re^{i\theta} (0 \leqq \theta < 2\pi)$ とするとき，$\sqrt[n]{z}$ は n 個の値

$$\alpha = r^{\frac{1}{n}} e^{i\frac{\theta}{n}}, \ \alpha\zeta, \ \alpha\zeta^2, \cdots\cdots, \ \alpha\zeta^{n-1} \quad (\zeta = e^{i\frac{2\pi}{n}})$$

を表わす．このうち，α を主値とする．

$w = \sqrt[n]{z}$ を主値にとるときは，写像 $z \longrightarrow w$ によって，z 平面の上半面 $(Im(z) > 0)$ は，次の図に示すように写像される．($n = 3$ の場合を示す）

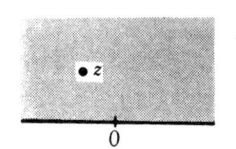

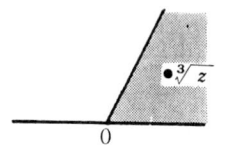

また，点 z が $z = 0$ のまわりに正の向きに1周すると，$\sqrt[n]{z}$ の値は連続的に変って，$\zeta = e^{i\frac{2\pi}{n}}$ 倍になってくる．

問題 4 (答は p.197)

1. $w = z^2$ による対応 $z \longrightarrow w$ において，
   (1) $Re(w) = a$ (2) $Im(w) = b$ (a, b は定数)
   に対応する点 z は，それぞれどんな線をえがくか．
   また，(1) に対する線と (2) に対応する線とは直交している．
   その理由を考えよ．

2. $w^2 = 1 - z$ のとき，$|z| < 1$ の領域に対応する w の領域はどんな図形であるか．

3. 次の値を求めよ．また，そのうち主値はどれか．
   (1) $\sqrt{1+i}$ (2) $\sqrt{-2}$ (3) $\sqrt{-i}$ (4) $\sqrt[3]{i}$

4. 次の関数による写像で，z 平面の $Im(z) > 0$ の部分，および第1象限は，それぞれ w 平面のどこへ移るだろうか．（主値）
   (1) $w = \dfrac{1}{\sqrt{z}}$ (2) $w = \sqrt[3]{z^2}$ (3) $w = \sqrt{1-z}$

5. $w = \sqrt[3]{z}$ のリーマン面は，どのようになっているか．

6. $w = \sqrt{z(z^2-1)}$ のリーマン面は，どのようになっているか．

7. 右のような閉曲線 C の上では，$\sqrt{z^2-1}$ は1価関数であることを証明せよ．

8. $(z-1)^{\frac{2}{3}}(z+1)^{-\frac{1}{3}}$ は，どのような閉曲線の上では1価となるか．そのような線をいろいろ挙げよ．

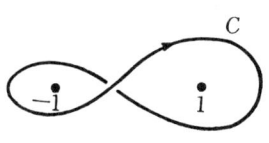

第5章 指数関数

実数 x を変数とする指数関数 $y = e^{kx}$ については,

$$\frac{dy}{dx} = ky \quad (瞬間変化率が, それ自身に比例する)$$

という性質が特徴的である. 複素変数 z の指数関数 e^z についてもこのような性質があるが, その他にも,

$$e^{z+i2\pi} = e^z$$

というような性質があって, これによっていろいろの見通しもよくなり, 応用も広い. 実数の範囲では三角関数と指数関数は全くちがったものであるが, 複素変数の関数の立場からは, これが1つに統制される. この章では, こうしたことを述べていく.

§1. 指数関数

指数関数 e^z は, すでに 37 ページで述べたように, $z = x+yi$ (x, y 実数) のとき,

$$e^z = e^x e^{iy} = e^x(\cos y + i \sin y)$$

として定義され, 次の性質をもっている.

$$e^{z_1} e^{z_2} = e^{z_1+z_2}, \quad (e^z)^n = e^{nz} \quad (n は整数)$$

また, $$e^{z+i2\pi} = e^z$$

つまり, e^z は周期 $2\pi i$ の関数

である.

そこで，
$$w = e^z \tag{1}$$
によって，複素平面 C から別の複素平面 C' への写像 $z \longrightarrow w$ を考えよう．
$$w = u + iv \quad (u, v \text{ は実数})$$
とおくと，(1) によって，
$$u = e^x \cos y, \quad v = e^x \sin y$$
したがって，z の平面 C の上で，
$$x = a \quad (\text{一定})$$
という直線を考えると，w の平面 C' の上では，
$$u = e^a \cos y, \quad v = e^a \sin y \quad (y \text{ は媒介変数})$$
という線として現われてくる．この線は，円
$$u^2 + v^2 = e^{2a}$$
で，a が $-\infty$ から $+\infty$ まで変わる間に半径 e^a は 0 から ∞ まで変っていく．

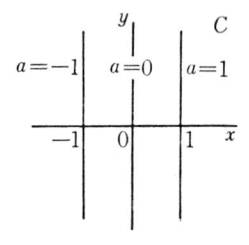

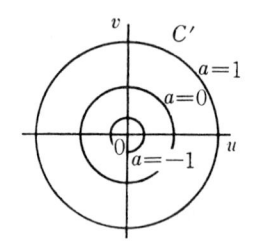

つぎに，また，z の平面 C で，
$$y = b \quad (\text{一定})$$
という直線を考えると，これに対応する w の平面 C' の上では，
$$u = e^x \cos b, \quad v = e^x \sin b \quad (x \text{ が媒介変数})$$
で表わされる線が出てくる．e^x は任意の正の値をとるから，この線は，原点から点 $(\cos b, \sin b)$ へいたる線を延してできる半直線である．

上で調べた対応のようすを重ねて示せば，次ページの小の図になる．

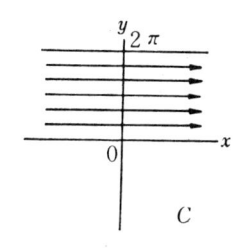

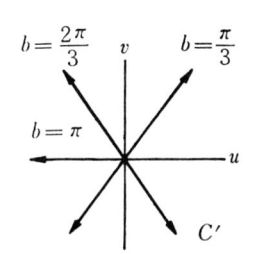

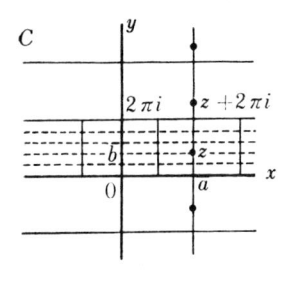

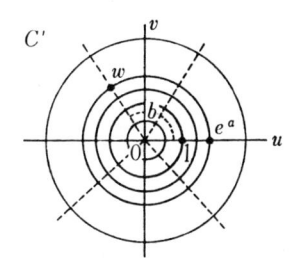

この写像のようすをもっと直接的に示せば，次のようである．

まず，z の平面 C を，半径 1 (周 2π) の直円柱面へ，$y=$ 一定という直線が母線となるように幾重にも巻きつける．そうすれば，一定の z に対し，
$$z+n\cdot 2\pi i \quad (n=0, \pm 1, \pm 2, \pm 3, \cdots\cdots)$$
という点は，すべて直円柱面上の同じ点に重なる．

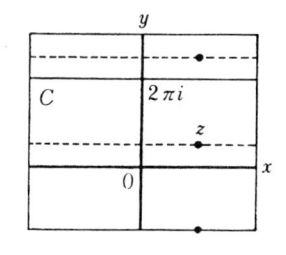

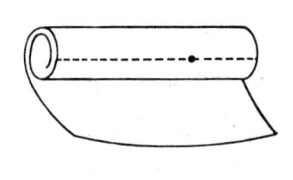

つぎに，この直円柱面の一方を細め，他方を開いて，無限に伸びたラッパ状の面とし，これを次第にひろげて平面にしてしまう．こうしてできたのが w の平面 C' と考えてよいわけである．

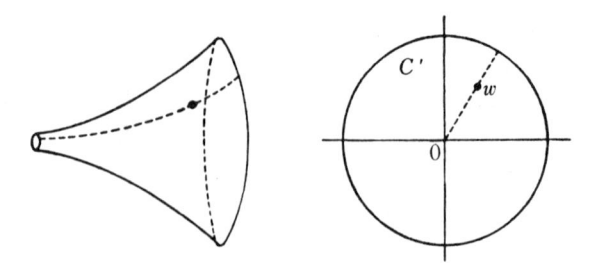

つぎに，$\lim\limits_{z\to\infty} e^z$ について考えよう．

実数の範囲では，e^x は x の増加関数で，
$$\lim_{x\to-\infty} e^x = 0, \qquad \lim_{x\to+\infty} e^x = \infty$$
であった．複素数の範囲では，増減は問題にならないが，
$$\lim_{z\to\infty} e^z \text{ は存在しない}$$
のである．それは次のようにしてわかる．

$z = x+yi$ (x, y 実数) で $z \longrightarrow \infty$ というのは，$|z| = \sqrt{x^2+y^2} \longrightarrow \infty$ のことだから，$x \longrightarrow \pm\infty$ または $y \longrightarrow \pm\infty$ といってよい．そこで
$$e^z = e^x(\cos y + i\sin y)$$
で考えると，$|e^z| = e^x$ だから，
$$x \longrightarrow \infty \text{ のとき } \lim e^z = \infty, \quad x \longrightarrow -\infty \text{ のとき } \lim e^z = 0$$
また，x をきめておいて $y \longrightarrow \infty$ としても $\lim e^z$ は存在しない．
要するに，どの点から考えても $\lim\limits_{z\to\infty} e^z$ は存在しないのである．

さらに，67 ページで述べたように，∞ を 1 つの数とみて，

$z = \infty$ のどんな近くでも，e^z は 0 以外のどんな値でもとり得る

ということがいわれる．これは，あらかじめ $R > 0$ をどんなに大きくとっておいても，0 でない任意の値 γ に対して，
$$e^z = \gamma, \qquad |z| > R \tag{1}$$

となる z が存在するということである．これは次のようにしてわかる．
r を極形式で，

$$r = re^{i\theta} = r(\cos\theta + i\sin\theta)$$

と表わし，$z = x+yi$ とすると，(1) から，

$$e^x = r, \quad e^{iy} = e^{i\theta}$$

したがって， $\qquad x = \log r, \quad y = \theta + n\cdot 2\pi \quad$ (nは整数)

ここで，n を十分大きくとっておけば，$\sqrt{x^2+y^2} > R$ となり，(1) が成り立つ．

Q. e^z というのは，$z \longrightarrow \infty$ のとき随分と多彩な変化をするわけですね．実変数の関数で，$e^{\frac{1}{x}}$ を考えると，$x = 0$ の近くは分数関数などにみられない断絶がありましたが，複素関数のとき $e^{\frac{1}{z}}$ の $z = 0$ の近くのようすというのは，e^z の $z = \infty$ の近くに当るわけですね．

A. そうです．e^z で $z = \infty$，$e^{\frac{1}{z}}$ での $z = 0$ は真性特異点といわれるものの代表的なものです．あとで詳しくお話しします．(170 ページ)

複素変数の関数 e^z においても，実変数の e^x と同じようなことが，そのまま成り立つ．たとえば，

$$\frac{d}{dx}e^x = e^x \tag{1}$$

$$e^x = 1 + x + \frac{1}{2!}x^2 + \frac{1}{3!}x^3 + \cdots\cdots + \frac{1}{n!}x^n + \cdots\cdots \tag{2}$$

というようなことは，e^z についても，そのまま，

定理 1 $\qquad \dfrac{d}{dz}e^z = e^z \tag{3}$

$$e^z = 1 + z + \frac{1}{2!}z^2 + \frac{1}{3!}z^3 + \cdots\cdots + \frac{1}{n!}z^n + \cdots\cdots \tag{4}$$

と成り立つ．これを，ここでは形式的な扱いで確かめておく．実は，複素数を項とする無限級数の扱いを知っていれば，これは厳密な証明になっている．はじめに，(4) の方を示そう．

まず，$z = x+yi$ (x, y 実数) とおくと，$\qquad e^z = e^x e^{iy}$

e^x は (2) で与えられる．e^{iy} は，33 ページでも示したように，

98 第5章 指数関数

$$e^{iy} = \cos y + i\sin y$$
$$= \left(1 - \frac{1}{2!}y^2 + \frac{1}{4!}y^4 - \cdots\right) + i\left(y - \frac{1}{3!}y^3 + \frac{1}{5!}y^5 - \cdots\right)$$
$$= 1 + iy + \frac{1}{2!}(iy)^2 + \frac{1}{3!}(iy)^3 + \cdots + \frac{1}{n!}(iy)^n + \cdots$$

これと (2) とから,

$$e^x e^{iy} = \left(1 + x + \frac{1}{2!}x^2 + \cdots\right)\left(1 + (iy) + \frac{1}{2!}(iy)^2 + \frac{1}{3!}(iy)^3 + \cdots\right)$$
$$= 1 + (x + iy) + \frac{1}{2!}(x^2 + 2x \cdot iy + (iy)^2) + \cdots$$

ここで第3項は, $\quad \dfrac{1}{2!}(x + iy)^2$

一般に, x, y について n 次の項は,

$$\frac{1}{n!}\left(x^n + \cdots + \frac{n!}{k!(n-k)!}x^k(iy)^{n-k} + \cdots + (iy)^n\right)$$
$$= \frac{1}{n!}({}_nC_0 x^n + \cdots + {}_nC_k x^k(iy)^{n-k} + \cdots + {}_nC_n(iy)^n)$$
$$= \frac{1}{n!}(x + iy)^n = \frac{1}{n!}z^n$$

となり, $\quad e^z = e^x e^{iy} = 1 + z + \dfrac{1}{2!}z^2 + \cdots + \dfrac{1}{n!}z^n + \cdots$

つぎに, (4) から (3) を導いてみよう.

$$\frac{d}{dz}e^z = \lim_{h \to 0}\frac{e^{z+h} - e^z}{h} = \lim_{h \to 0}e^z\frac{e^h - 1}{h} = e^z \lim_{h \to 0}\frac{e^h - 1}{h}$$

(4) によれば, $\quad e^h = 1 + h + \dfrac{1}{2!}h^2 + \cdots$

だから,

$$\lim_{h \to 0}\frac{e^h - 1}{h} = \lim_{h \to 0}\frac{h + \frac{1}{2!}h^2 + \cdots}{h} = \lim_{h \to 0}\left(1 + \frac{1}{2!}h + \cdots\right) = 1$$

これで, (3) が得られる.

三角関数

34ページ定理6を参照して，複素数の場合にも，

$$\cos z = \frac{e^{iz}+e^{-iz}}{2}, \quad \sin z = \frac{e^{iz}-e^{-iz}}{2i}$$

によって $\cos z, \sin z$ を定義する．$\tan z, \cot z, \sec z, \operatorname{cosec} z$ も

$$\tan z = \frac{\sin z}{\cos z}, \quad \cot z = \frac{\cos z}{\sin z}, \quad \sec z = \frac{1}{\cos z}, \quad \operatorname{cosec} z = \frac{1}{\sin z}$$

によって定義される．また，

$$\frac{d}{dz}\cos z = -\sin z., \quad \frac{d}{dz}\sin z = \cos z$$

なども成り立つ．はじめの式でいえば，

$$\frac{d}{dz}\cos z = \frac{d}{dz}\frac{1}{2}\left(e^{iz}+e^{-iz}\right) = \frac{1}{2}\left(\frac{d}{dz}e^{iz}+\frac{d}{dz}e^{-iz}\right)$$

$$= \frac{1}{2}\left(ie^{iz}-ie^{-iz}\right) = \frac{-1}{2i}(e^{iz}-e^{-iz}) = -\sin z$$

同じように，
$$\frac{d}{dz}\sin z = \cos z$$

§2. 対数関数

対数関数は，指数関数の逆関数として定義される．このことは，複素変数の場合にも同じようである．つぎに，これを述べよう．

まず，
$$z = e^w \tag{1}$$

によって対応 $w \longrightarrow z$ を考えると，これは前節に示した通りであるが，ここでは，この対応を逆に考えて，$z \longrightarrow w$ はどうなるかというのである．この場合，前に示したように，1つの w に対して $w+n\cdot 2\pi i$（n は任意の整数）を考えると，$e^{w+n\cdot 2\pi i}$ の値はすべて e^w であった．したがって，(1)で z の値を与えて w を求めることになると，w の値は無数に出てくる．このようすを，もっと直接に見てみよう．

$|z| \neq 0$ とし，z を極形式で

$$z = re^{i\theta}$$
と表わし，また，$w = u+vi$
とおけば，(1) から
$$e^u e^{iv} = re^{i\theta}$$
となり，$e^u = r$, $e^{iv} = e^{i\theta}$
から，$u = \log r$, $v = \theta + n\cdot 2\pi$ (n は整数)
この $w = u+vi$ を $\log z$ とかく．つまり，
$$z = re^{i\theta} \text{ のとき，} \quad \log z = \log r + i(\theta + 2\pi n) \tag{2}$$

こうして，$\log z$ というのは，z の 1 つの値に対して無数に多くの値をとるものである．このようなものを多価関数という．92 ページによれば，$\sqrt[n]{z} = z^{\frac{1}{n}}$ (n 自然数) も多価関数であった．

z が与えられたとき，絶対値 $|z| = r$ は一通りにきまるが，偏角 θ は一意的でない．いま，
$$-\pi < \theta \leq \pi \tag{3}$$
に限り (2) で $n = 0$ とおいた値 $\log r + i\theta$ を $\log z$ の主値という．

主値は，$\text{Log}\,z$ で表わすことにする．

とくに，z が正の実数のときは，(3) に適する偏角は 0 だから複素関数としての $\log z$ の主値が，これまでの実数の範囲で知っている $\log x$ と一致する．

上の定義によると，$1-i = \sqrt{2}\,e^{-i\frac{\pi}{4}}$ から (n は任意の整数として)
$$\log(1-i) = \log\sqrt{2} + i\left(-\frac{1}{4}\pi + 2\pi\cdot n\right) = \frac{1}{2}\log 2 + i\left(-\frac{1}{4}\pi + 2\pi\cdot n\right)$$

とくに，$$\text{Log}(1-i) = \frac{1}{2}\log 2 - i\frac{1}{4}\pi$$

$-3 = 3e^{i\pi}$ だから，$\log(-3) = \log 3 + i(\pi + 2\pi\cdot n)$
$$\log(-3) = \log 3 + i\pi$$

つぎに，$w = \log z$ は多価関数であるが，主値 $\text{Log}\,z$, または，もう少し一般に，$w = u+vi$ の虚数部分 v について，
$$a \leq v < a + 2\pi \quad (a \text{ は任意の数})$$

と限ると，$w = \log z$ はふつうの1価関数となる．

つぎに，実数の場合と同じように，一般に次のことが成り立つ．

$w = f(z)$ によって，複素平面の領域 D から領域 D' への1対1の写像が与えられ，$f(z)$ は微分できて $f'(z) \neq 0$ とする．このとき，逆の写像 $w \to z$ が連続とし，$z = g(w)$ とおくとき，これも微分できる関数で，

$$\frac{dz}{dw} = 1 \Big/ \frac{dw}{dz}, \quad \text{つまり} \quad g'(w) = \frac{1}{f'(z)} \tag{4}$$

これから，次のことが導かれる．

定理 2 $\quad \dfrac{d}{dz} \log z = \dfrac{1}{z}$

それは，$w = \log z$ とおくと，$z = e^w$ で (4) によって，

$$\frac{d}{dz} \log z = \frac{dw}{dz} = 1 \Big/ \frac{dz}{dw} = \frac{1}{e^w} = \frac{1}{z}$$

§3. べき関数

変数 x が実数のとき，関数

$$y = x^a$$

は， $\quad a$ が自然数ならば，整関数 $\quad\quad a = 0$ ならば 1

a が負の整数ならば，分数関数

a が分数ならば，無理関数

である．そして，a が無理数のときは，x^a はべき関数 (power function) という．ただし，a が有理数のときもふくめて，

a が実数のとき，x^a をべき関数という

ことにしてもよい．このような一般の場合には，x の定義域は，

$a \geqq 0$ のときは $x \geqq 0$, $\quad a < 0$ のときは $x > 0$

として考えるのが，ふつうである．

べき関数 x^a を x で微分するのには，$x = e^{\log x}$ であることから，

$$x^a = e^{a \log x}$$

と変形して微分すればよい．すなわち，$y = a\log x$ と考えて，

$$\frac{d}{dx}x^a = \frac{d}{dx}e^{a\log x} = \frac{d}{dy}e^y \cdot \frac{dy}{dx} = e^y\frac{a}{x} = ax^{a-1}$$

こうして，
$$\frac{d}{dx}x^a = ax^{a-1}$$

そこで，変数 z が複素数の場合について，べき関数 z^a を考えてみよう．ここでは，定数 a も複素数とする．

べき関数 z^a は，

$$z^a = e^{a\log z} \tag{1}$$

によって定義される．ここに，$\log z$ は，前節で定義された関数であって，これは多価である．したがって，z^a も一般には多価である．たとえば，(1) により，

$$(-1)^{\sqrt{2}} = e^{\sqrt{2}\log(-1)}$$

であるが，$-1 = e^{i\pi}$ によって，$\log(-1) = i(\pi + 2n\pi)$ （n 整数）となり，

$$(-1)^{\sqrt{2}} = e^{i\sqrt{2}(2n+1)\pi} = \cos(\sqrt{2}(2n+1)\pi) + i\sin(\sqrt{2}(2n+1)\pi)$$

$$(n = 0, \pm 1, \pm 2, \cdots\cdots)$$

これは無数に多くの価となっている．

(1) において，$\log z$ の値を主値 $\mathrm{Log}\, z$ にとったときの z^a の値を z^a の主値という．したがって，上の例でいえば，

$$(-1)^{\sqrt{2}} \text{ の主値は } \cos\sqrt{2}\pi + i\sin\sqrt{2}\pi$$

となる．

さて，$z = x$ が正の実数のときを考えてみよう．このとき，

$$x^a = e^{a\log x}$$

であるが，複素数の範囲では $\log x = \mathrm{Log}\, x + 2n\pi i$ だから，

$$x^a = ce^{2an\pi i} \quad (c = e^{a\,\mathrm{Log}\, x})$$

で，c が，実数だけ考えたときの x^a（主値）である．

また，
$$\frac{d}{dz}z^a = az^{a-1}$$

の成り立つことは，実数の場合と全く同じである．

問　題　5　　　　(答は p.199)

1. 次の値を求めよ.
   (1) 2^i　(2) $(-1)^i$　(3) $(1+i)^{\sqrt{2}}$　(4) $\sin i$　(5) $\cos(1-i)$
   (6) $\tan\left(\dfrac{\pi}{3}i\right)$　(7) $\log(-2i)$　(8) $\log(-3)$

2. $w = e^z$ による写像で,
   (1) $Re(w) = a$　(2) $Im(w) = b$　$(a, b$ 一定$)$
   に対応する z のえがく線は, それぞれどんな線か, 図示せよ.

3. $w = z^a$ による写像 $z \longrightarrow w$ で, w が次の線をえがくのは, z がどんな線をえがくときか. (a は実数とし, z^a は主値とする)
   (1) 実軸に平行な直線　(2) 虚軸に平行な直線

4. z^a でその値の1つ(たとえば主値)を考え, z が 0 のまわりを正の向きに1周してもとの位置へもどると, z^a の値はどう変わるか.

5. 円 $|z| = 2$ の上を正の向きに1周するとき, $(z-1)^a(z+1)^b$ の値は, どのように変わるか.

6. 多価関数 $w = \log z$ のリーマン面はどのように考えられるか.

第6章 正則関数

これまで，2次関数，分数関数，指数関数などの具体的な関数について，それによる写像のようすや，これらを微分することを考えてきた．これから，一般に $z = x+yi$ の関数で，"微分できる関数"というのは，どういうものであるかを詳しく調べていくことにする．それには，大学初年級の微分学の知識が必要であるから，はじめにその準備をしておこう．

§1. 準　　備

2つの実数の変数をもった関数
$$z = f(x, y)$$
というのは，順序のついた実数の組 (x, y) に1つの実数 z を対応させることである．この場合，(x, y) の動き得る範囲 D がこの関数の定義域（変域）である．

この関数は，図の上でいえば，座標を考えた平面 $R^2 = R \times R$ の変域 D から R の中への写像と考えられる．

また，変域 D が連結した開集合のとき，これを領域 (domain) という．開集合というのは，すべての点が内点となっている集合のことであり，連結しているというのは，D が2つの開集合に分かれていないことである．円の内部や，直線の一方の側は，領域の代表的なものである．

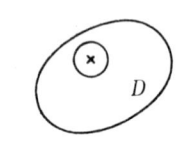

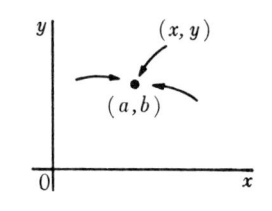

§1 準 備

関数 $z = f(x, y)$ において，x が a に近づき，y が b に近づくとき，z が l に近づくことを

$$(x, y) \to (a, b) \text{ のとき}, \quad f(x, y) \to l, \quad \lim_{x \to a, y \to b} f(x, y) = l$$

などとかき，

$$\lim_{x \to a, y \to b} f(x, y) = f(a, b)$$

のとき，$f(x, y)$ は $(x, y) = (a, b)$ で連続であるというのである．

つぎに，$z = f(x, y)$ において，y を定数と考え，x について微分（偏微分）したものを

$$\frac{\partial z}{\partial x}, \quad z_x, \quad f_x(x, y)$$

などとかく．また，x を定数とみて y で微分したものを，

$$\frac{\partial z}{\partial y}, \quad z_y, \quad f_y(x, y)$$

とかく．そして，$f_x(x, y), f_y(x, y)$ が x, y についての連続関数のとき，$f(x, y)$ は C^1 級であるという．

$z = f(x, y)$ が C^1 級で，$x = \varphi(t), y = \psi(t)$ が微分できる関数のとき，$z = f(\varphi(t), \psi(t))$ も微分できる関数で，

$$\frac{dz}{dt} = \frac{\partial z}{\partial x}\frac{dx}{dt} + \frac{\partial z}{\partial y}\frac{dy}{dt}$$

また，$x = \varphi(u, v), y = \psi(u, v)$ のときは，$z = f(x, y)$ は u, v の関数で，

$$\frac{\partial z}{\partial u} = \frac{\partial z}{\partial x}\frac{\partial x}{\partial u} + \frac{\partial z}{\partial y}\frac{\partial y}{\partial u}, \quad \frac{\partial z}{\partial v} = \frac{\partial z}{\partial x}\frac{\partial x}{\partial v} + \frac{\partial z}{\partial y}\frac{\partial y}{\partial v}$$

つぎに，$z = f(x, y)$ について，$\dfrac{\partial z}{\partial x}, \dfrac{\partial z}{\partial y}$ をもう1回 x, y で微分したものを考え，次のようにかく．

$$\frac{\partial}{\partial x}\left(\frac{\partial z}{\partial x}\right) \text{ を } \quad \frac{\partial^2 z}{\partial x^2}, \quad z_{xx}, \quad f_{xx}(x, y)$$

$$\frac{\partial}{\partial y}\left(\frac{\partial z}{\partial x}\right) \text{ を } \quad \frac{\partial^2 z}{\partial y \partial x}, \quad z_{xy}, \quad f_{xy}(x, y)$$

$$\frac{\partial}{\partial x}\left(\frac{\partial z}{\partial y}\right) \text{ を } \quad \frac{\partial^2 z}{\partial x \partial y}, \quad z_{yx}, \quad f_{yx}(x,y)$$

$$\frac{\partial}{\partial y}\left(\frac{\partial z}{\partial y}\right) \text{ を } \quad \frac{\partial^2 z}{\partial y^2}, \quad z_{yy}, \quad f_{yy}(x,y)$$

また，これらがすべて連続のとき，$z=f(x,y)$ は C^2 級であるという．この場合には，

$$\frac{\partial^2 z}{\partial x \partial y} = \frac{\partial^2 z}{\partial y \partial x}$$

であることがわかっている．

1変数の関数 $f(x)$ については，これがある変域で定数となるための必要十分条件は $f'(x)=0$ となることであるが，これに対して2変数の関数では次のようになる．

$$z=f(x,y) \text{ が } x \text{ だけの関数である} \quad \rightleftarrows \quad \frac{\partial z}{\partial y}=0$$

$$z=f(x,y) \text{ が } y \text{ だけの関数である} \quad \rightleftarrows \quad \frac{\partial z}{\partial x}=0$$

この節では，これから使うことの大体を述べたわけであるが，詳しいことは，ふつうの微分法の書物を見て頂くとよい．

§2. 微分できる関数（正則関数）

複素数全体の集合を C とする．いま，C の部分集合 D（C と一致してもよい）から C 自身の中への写像としてきまる関数

$$f : z \longrightarrow w$$

を考えよう．これは，

$$z = x+yi \quad (x, y \text{ 実数})$$

がきまると，これに対応して，

$$w = u+vi \quad (u, v \text{ 実数})$$

がきまることである．したがって，これは u, v が x, y の関数ということである．だから，たとえば，

$\bar{z} = x - yi$ は z の関数である

$(x+y)+(2x-3y)i$ は z の関数である

$(x^2+y^2)+2xyi$ は z の関数である

というようにいえるわけで，これまでに考えてきた

$$w = az+b, \quad w = z^2, \quad w = \frac{1}{z}, \quad w = e^z$$

などよりも，大分広いものである．

極限

上で述べた広い意味での $z = x+yi$ の関数を $f(z)$ で表わすとき，

$$\lim_{z \to a} f(z) = l$$

であるということは，

任意の正数 ε に対して，正数 δ が存在して，

$0 < |z-a| < \delta$ である任意の z に対し，$|f(z)-l| < \varepsilon$

となる

として定義される．これは，

$z = x+yi, \; a = b+ci, \; l = m+ni$ （x, y, b, c, m, n は実数）

$f(z) = u+vi$ （u, v は x, y の関数で，とる値は実数）

とおくとき，

$$\lim_{x \to b, y \to c} u = m, \quad \lim_{x \to b, y \to c} v = n$$

となることと同じである．

上の意味での関数の極限について，

$$\lim_{z \to a}(f(z)+g(z)) = \lim_{z \to a} f(z) + \lim_{z \to a} g(z)$$

や $f(z)g(z)$, $f(z)/g(z)$ の極限についても，実数値をとる関数の場合と全く同じである．また，合成関数 $f(g(z))$ についても同じである．

つぎに，

$$\lim_{z \to \infty} f(z) = l$$

についていえば，

$$\text{任意の } \varepsilon > 0 \text{ に対し } M > 0 \text{ が存在して,}$$

$$|z| > M \text{ である任意の } z \text{ に対し } |f(z)-l| < \varepsilon \text{ となる}$$

こととして定義される．

また，

$$\lim_{z \to \infty} f(z) = \infty$$

についても同じようである．ただ，これらの場合，∞は実数の場合のように$+\infty, -\infty$の区別はない．

また，次のことは重要である．

定理1 $f(z)$が整式（定数は除く）のとき，$\lim_{z \to \infty} f(z) = \infty$

証明は，実数の場合と同じである．つまり，

$$f(z) = a_0 z^n + a_1 z^{n-1} + \cdots\cdots + a_{n-1} z + a_n \quad (a_0 \neq 0)$$

とおくと，

$$f(z) = z^n \left(a_0 + \frac{a_1}{z} + \cdots\cdots + \frac{a_{n-1}}{z^{n-1}} + \frac{a_n}{z^n} \right)$$

$$\lim_{z \to \infty} z^n = \infty, \quad \lim_{z \to \infty} \left(a_0 + \frac{a_1}{z} + \cdots\cdots + \frac{a_n}{z^n} \right) = a_0$$

によって，

$$\lim_{z \to \infty} f(z) = \infty$$

関数の連続についても，実変数のときと全く同じで，

$$\lim_{z \to a} f(z) = f(a)$$

のとき，$f(z)$は$z = a$で連続という．また，領域Dのすべての点で$f(z)$が連続のとき，$f(z)$はDで連続という．

$f(z), g(z)$が連続ならば，次の関数も連続である．

$$f(z)+g(z), \quad f(z)g(z), \quad \frac{f(z)}{g(z)} \quad (g(z) \neq 0 \text{ とする})$$

$f(z), g(z)$が連続のとき$f(g(z))$も連続である．

また，

有理関数, $\sqrt[n]{z}$, e^z は連続である (1)

ということもいえる.

Q. 複素変数の関数といえば, はじめからこのようなものを考えていたのですが, 一般の関数の定義では随分広いものなのですね. そのちがいは, どんな所へひびいてくるのでしょうか.

A. それがこれからお話ししようとすることなのです.

正則関数

一般の関数 $w = f(z)$ について,

$$f'(z) = \lim_{h \to 0} \frac{f(z+h)-f(z)}{h} \qquad (2)$$

は存在するだろうか. 前に述べたように, $f(z) = z^2, f(z) = \frac{1}{z}, f(z) = e^z$ というような場合には, $f'(z)$ は存在するわけであるが, 一般にはそうはいえない. たとえば, $f(z) = \bar{z}$

について考えてみよう. このとき,

$$f'(z) = \lim_{h \to 0} \frac{\overline{z+h}-\bar{z}}{h} = \lim_{h \to 0} \frac{\bar{z}+\bar{h}-\bar{z}}{h} = \lim_{h \to 0} \frac{\bar{h}}{h}$$

h を極形式で表わして, $h = re^{i\theta}$ とおけば,

$$\lim_{h \to 0} \frac{\bar{h}}{h} = \lim_{r \to 0} \frac{re^{-i\theta}}{re^{i\theta}} = \lim_{r \to 0} e^{-2i\theta} \qquad (3)$$

となる. ところが, $h \to 0$ というのは $r \to 0$ ということであって, θ は全く自由であるから, (3) の極限値は存在しない. したがって,

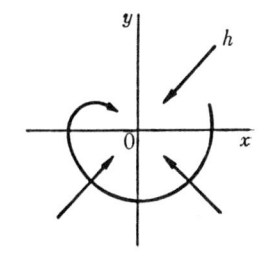

$f(z) = \bar{z}$ のときは $f'(z)$ は存在しない

のである. $x = \frac{1}{2}(z+\bar{z})$, $x^2+y^2 = z\bar{z}$ などでも同様である.

(2) の $f'(z)$ が存在するとき, $f(z)$ は微分可能であるといい, 複素平面のある領域 D で $f'(z)$ が存在するとき, $f(z)$ は D で正則 (regular) であるという.

これまで学んだことによると, (1) のような関数はその定義域で正則であった. ただし, $\sqrt[n]{z}$ では $z = 0$ は例外である.

次に，一般の $w=f(z)=u+vi$ が正則であるための条件を求めてみよう．

正則関数の条件

z の関数 $\qquad w=f(z)=u+vi$

において， $\qquad u=u(x,y), \quad v=v(x,y)$

は C^1 級の関数として，$f'(z)$ が存在するための条件を求めてみよう．

いま， $\qquad h=p+qi \quad (p,q \text{ は実数})$

とおくと， $\qquad z+h=(x+p)+(y+q)i$

だから，z の変化 $\varDelta z=h$ に対する w の変化は，

$$\varDelta w = (u(x+p,y+q)-u(x,y))+(v(x+p,y+q)-v(x,y))i$$

そこでまず，$q=0$ として考えると，このときは，$\varDelta z=\varDelta x=p$ となって，

$$\frac{\varDelta w}{\varDelta z}=\frac{u(x+p,y)-u(x,y)}{p}+\frac{v(x+p,y)-v(x,y)}{p}i$$

$\varDelta x=p\to 0$ とすると，

$$\lim_{\varDelta z\to 0}\frac{\varDelta w}{\varDelta z}=\lim_{\varDelta x\to 0}\frac{\varDelta w}{\varDelta x}=\frac{\partial u}{\partial x}+\frac{\partial v}{\partial x}i \qquad (1)$$

つぎに，$p=0$ として考えると，このときは，

$$\varDelta z=i\varDelta y=iq$$

となり，上と同じようにして，次の結果が得られる．

$$\lim_{\varDelta z\to 0}\frac{\varDelta w}{\varDelta z}=\lim_{\varDelta y\to 0}\frac{\varDelta w}{i\varDelta y}=\frac{1}{i}\left(\frac{\partial u}{\partial y}+\frac{\partial v}{\partial y}i\right) \qquad (2)$$

ところで， $f'(z)=\lim\limits_{\varDelta z\to 0}\dfrac{\varDelta w}{\varDelta z}$

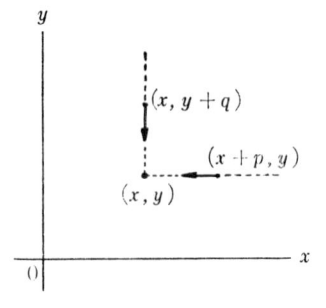

が存在するというのは，$\varDelta z$ がどのような値をとって 0 に近づいても，極限値が同じ値をとるということである．したがって，$f'(z)$ が存在するというならば，(1) と (2) は同じ値でなければならない．つまり，

$$\frac{\partial u}{\partial x}+\frac{\partial v}{\partial x}i = \frac{1}{i}\left(\frac{\partial u}{\partial y}+\frac{\partial v}{\partial y}i\right)$$

両辺の実数部分と虚数部分をくらべて,

$$\frac{\partial u}{\partial x}=\frac{\partial v}{\partial y}, \qquad \frac{\partial v}{\partial x}=-\frac{\partial u}{\partial y} \tag{3}$$

これは $f'(z)$ の存在するための必要条件である.

つぎに,逆に,これが十分条件であることを示そう.

まず,ある領域 D で (3) が成り立つとし, z の変化 $\Delta z = p+qi$ に対する $w = f(z) = u+vi$ の実数部分 u の変化を考えて,次のように変形する.

$$\Delta u = u(x+p, y+q)-u(x,y)$$
$$= (u(x+p, y+q)-u(x, y+q))+(u(x, y+q)-u(x,y))$$

平均値の定理を使って変形すれば,

$$\Delta u = u_x(x_1, y+q)p + u_y(x, y_1)q$$

(x_1 は x と $x+p$ の間の値, y_1 は y と $y+q$ の間の値)

そこで,
$$u_x(x_1, y+q) = u_x(x,y)+\varepsilon_1$$
$$u_y(x, y_1) = u_y(x,y)+\varepsilon_2$$

とおくと,

$$p\to 0,\ q\to 0 \text{ のとき } \varepsilon_1\to 0,\ \varepsilon_2\to 0 \tag{4}$$

$u_x(x,y), u_y(x,y)$ を単に u_x, u_y とかくと,

$$\Delta u = u_x p + u_y q + \varepsilon_1 p + \varepsilon_2 q \tag{5}$$

同じように,
$$\Delta v = v_x p + v_y q + \varepsilon_3 p + \varepsilon_4 q \tag{6}$$

$$p\to 0, q\to 0 \text{ のとき},\ \varepsilon_3\to 0, \varepsilon_4\to 0 \tag{7}$$

とおける.

(3) によると, $u_x = v_y, \quad v_x = -u_y$

だから, (5) (6) によって,

$$\Delta u + \Delta v i = (u_x p + u_y q + \varepsilon_1 p + \varepsilon_2 q) + (-u_y p + u_x q + \varepsilon_3 p + \varepsilon_4 q)i$$
$$= (u_x - u_y i)(p+qi) + (\varepsilon_1 p + \varepsilon_2 q) + (\varepsilon_3 p + \varepsilon_4 q)i$$

したがって，
$$\frac{\Delta w}{\Delta z} = \frac{\Delta u + \Delta v\, i}{\Delta z} = u_x - u_y i + \varepsilon \qquad (8)$$

ここに，
$$\varepsilon = \frac{(\varepsilon_1 + \varepsilon_3 i)p + (\varepsilon_2 + \varepsilon_4 i)q}{p + qi}$$

$p + qi = re^{i\theta}$ とおくと，$p = r\cos\theta, q = r\sin\theta$ で，

$$\varepsilon = ((\varepsilon_1 + \varepsilon_3 i)\cos\theta + (\varepsilon_2 + \varepsilon_4 i)\sin\theta)e^{-i\theta}$$

$\Delta z = p + qi \to 0$ とすれば，(4) (7) によって，

$$\varepsilon \to 0$$

したがって (8) から，

$$\lim_{\Delta z \to 0} \frac{\Delta w}{\Delta z} = u_x - u_y i$$

つまり，(3) という条件の下では，$f'(z)$ が存在することがわかった．
以上をまとめると，次の基本定理が得られたことになる．

定理2 $w = f(z) = u + vi,\ z = x + yi$ において，$u = u(x, y),\ v = v(x, y)$ は C^1 級とする．このとき，

$$f'(z) = \lim_{h \to 0} \frac{f(z+h) - f(z)}{h}$$

が存在する（つまり $f(z)$ が正則である）ための必要十分条件は，

$$\frac{\partial u}{\partial x} = \frac{\partial v}{\partial y}, \quad \frac{\partial v}{\partial x} = -\frac{\partial u}{\partial y} \qquad (3)$$

である．この条件の下で，

$$\frac{dw}{dz} = f'(z) = \frac{\partial u}{\partial x} - \frac{\partial u}{\partial y} i$$

(3) の式を，コーシー・リーマン (Cauchy-Riemann) の条件という
$u = u(x, y),\ v = v(x, y)$ が C^2 級の関数のときは，(3) から，

$$\frac{\partial^2 u}{\partial x^2} + \frac{\partial^2 u}{\partial y^2} = \frac{\partial}{\partial x}\left(\frac{\partial u}{\partial x}\right) + \frac{\partial}{\partial y}\left(\frac{\partial u}{\partial y}\right) = \frac{\partial}{\partial x}\left(\frac{\partial v}{\partial y}\right) + \frac{\partial}{\partial y}\left(-\frac{\partial v}{\partial x}\right)$$

$$= \frac{\partial^2 v}{\partial x \partial y} - \frac{\partial^2 v}{\partial y \partial x} = 0$$

つまり，
$$\frac{\partial^2 u}{\partial x^2}+\frac{\partial^2 u}{\partial y^2}=0 \tag{9}$$

同じように，
$$\frac{\partial^2 v}{\partial x^2}+\frac{\partial^2 v}{\partial y^2}=0 \tag{10}$$

一般に，$z=f(x,y)$ について，$\dfrac{\partial^2 z}{\partial x^2}+\dfrac{\partial^2 z}{\partial y^2}=0$ $\quad$ u, v が C^2 級であることは前ページで仮定されている．

のとき，z は調和関数であるという．(9)(10) によると，

$\quad$ 正則関数 $w=f(z)=u+vi$ の実数部分 $u=u(x,y)$，

$\quad$ 虚数部分 $v=v(x,y)$ は，どちらも調和関数である

ということになる．このように，u や v は極めて特殊な関数である．

例1 $w=(x+y)+(2x+3y)i$ では，コーシー・リーマンの条件は成り立っていないから，w は正則関数でない．

実際，$u=x+y$，$v=2x+3y$ とおくと，
$$\frac{\partial u}{\partial x}=1, \quad \frac{\partial u}{\partial y}=1, \quad \frac{\partial v}{\partial x}=2, \quad \frac{\partial v}{\partial y}=3$$
で (3) は全く成り立たない．

例2 $w=e^z$ は正則関数で，$\dfrac{d}{dz}e^z=e^z$ である．

このことは，前にも述べたが，ここで定理2によって示そう．まず，$z=x+yi$，$w=u+vi$ とおくと，
$$w=e^z=e^x e^{iy}=e^x(\cos y+i\sin y)$$
だから，$\quad u=e^x\cos y,\ v=e^x\sin y$

$\quad u_x=e^x\cos y,\ u_y=-e^x\sin y,\ v_x=e^x\sin y,\ v_y=e^x\cos y$

で，(3) が成り立っている．そして，
$$\frac{dw}{dz}=u_x-u_y i=e^x\cos y-(-e^x\sin y)i=e^z$$
この結果は，定理としておこう．

定理3 $\qquad \dfrac{d}{dz}e^z=e^z$

2つの正則関数の和，差，積，商についての微分法の公式は，実変数の場合と

全く同じである．つまり，
$$(f(z)+g(z))' = f'(z)+g'(z)$$
$$(f(z)g(z))' = f'(z)g(z)+f(z)g'(z)$$
$$\left(\frac{f(z)}{g(z)}\right)' = \frac{f'(z)g(z)-f(z)g'(z)}{g(z)^2}$$

Q. 1次関数，2次関数，分数関数，対数関数と学んできたところでは，実数の場合より深い面白いことがでてきましたが，まだ高校の続きという感じで，割にすらすらとわかりました．ここへきて，大分深いところへつながってきたような気がします．平均値の定理というのも，久し振りでお目にかかりました．

A. これからだんだん，大学の数学らしくなっていきます．面白いことも増しますが，難しいところも増えます．わからなくなったら，前のところや，ふつうの微積分の本をよく復習して進むことです．

§3. $\dfrac{\partial}{\partial z}$ と $\dfrac{\partial}{\partial \bar{z}}$

これまで述べてきたように，z の整式や分数式で表わされる関数は微分できる関数，つまり正則関数であるが，$f(z)=\bar{z}$ はそうでない．実は，式で表わされる関数では，正則というのは，

z だけの式で表わされ，$\bar{z}$ をふくまない

ということになるのである．こうした立場から，コーシー・リーマンの条件を見直していくことにしよう．

まず，実数 x,y を変数とし，実数の値をとる関数
$$F = f(x,y)$$
が C^1 級の関数とするとき，次のことはよく知られている．

(A) 0でない定数 a,b があって，$F=f(x,y)$ が $ax+by$ だけの関数であるための必要十分条件は，
$$b\frac{\partial F}{\partial x} = a\frac{\partial F}{\partial y} \tag{1}$$

証明 まず，$F=\varphi(ax+by)$ のときは，

$$\frac{\partial F}{\partial x} = \varphi'(ax+by)\frac{\partial}{\partial x}(ax+by) = a\varphi'(ax+by)$$

$$\frac{\partial F}{\partial y} = \varphi'(ax+by)\frac{\partial}{\partial y}(ax+by) = b\varphi'(ax+by)$$

これから (1) が導かれる.

逆に (1) が成り立つとしよう. まず,

$$p = ax+by, \quad q = y$$

とおくと,
$$x = \frac{1}{a}(p-bq), \quad y = q$$

したがって,
$$F = f\left(\frac{1}{a}(p-bq), q\right)$$

これを p, q の関数とみて q で微分すると,

$$\frac{\partial F}{\partial q} = \frac{\partial F}{\partial x}\frac{\partial x}{\partial q} + \frac{\partial F}{\partial y}\frac{\partial y}{\partial q} = \frac{\partial F}{\partial x}\left(-\frac{b}{a}\right) + \frac{\partial F}{\partial y}$$

(1) によって,
$$\frac{\partial F}{\partial q} = 0$$

これは, F が q をふくまないこと, つまり $p = ax+by$ だけの関数であることを示している. (証明終)

この命題 (A) を複素変数 $z = x+yi$ の関数
$$w = u(x, y) + v(x, y)i$$
へ形式的に適用してみよう. そうすると, この w が
$$z = x+yi \text{ だけの関数}$$
である条件として, (1) で $a = 1$, $b = i$ と考えて,
$$i\left(\frac{\partial u}{\partial x} + i\frac{\partial v}{\partial x}\right) = \frac{\partial u}{\partial y} + i\frac{\partial v}{\partial y}$$

これは, コーシー・リーマンの条件に他ならならない.

そこで, この形式的な一致が正確な理論として取上げられないだろうかということを考えてみよう. そのため, もう少し形式的な考察を続ける.

まず,
$$z = x+yi, \quad \bar{z} = x-yi$$

であることから，
$$x = \frac{z+\bar{z}}{2}, \quad y = \frac{z-\bar{z}}{2i} \tag{2}$$

そこで，
$$w = u+vi = F(x, y)$$
を $z, \bar{z}$ で表わすと，
$$w = F\left(\frac{1}{2}(z+\bar{z}), \frac{1}{2i}(z-\bar{z})\right)$$

ここで，$z, \bar{z}$ を独立な変数のようにみて，実変数の関数の場合の公式を形式的に適用すると，(2)によって，

$$\frac{\partial w}{\partial z} = \frac{\partial w}{\partial x}\frac{\partial x}{\partial z} + \frac{\partial w}{\partial y}\frac{\partial y}{\partial z} = \frac{1}{2}\frac{\partial w}{\partial x} + \frac{1}{2i}\frac{\partial w}{\partial y} = \frac{1}{2}\left(\frac{\partial}{\partial x} - i\frac{\partial}{\partial y}\right)w$$

$$\frac{\partial w}{\partial \bar{z}} = \frac{\partial w}{\partial x}\frac{\partial x}{\partial \bar{z}} + \frac{\partial w}{\partial y}\frac{\partial y}{\partial \bar{z}} = \frac{1}{2}\frac{\partial w}{\partial x} - \frac{1}{2i}\frac{\partial w}{\partial y} = \frac{1}{2}\left(\frac{\partial}{\partial x} + i\frac{\partial}{\partial y}\right)w$$

このような形式的な扱いをもとにして，次のような実質的な扱いに入る．それは，

$$\frac{\partial}{\partial z} = \frac{1}{2}\left(\frac{\partial}{\partial x} - i\frac{\partial}{\partial y}\right), \quad \frac{\partial}{\partial \bar{z}} = \frac{1}{2}\left(\frac{\partial}{\partial x} + i\frac{\partial}{\partial y}\right) \tag{3}$$

によって $\dfrac{\partial}{\partial z}, \dfrac{\partial}{\partial \bar{z}}$ を定義するのである．

この定義によると，
$$w = u + vi$$
のとき，

$$\frac{\partial w}{\partial \bar{z}} = \frac{1}{2}\left(\frac{\partial}{\partial x} + i\frac{\partial}{\partial y}\right)(u+vi) = \frac{1}{2}\left(\frac{\partial u}{\partial x} - \frac{\partial v}{\partial y}\right) + \frac{1}{2}\left(\frac{\partial u}{\partial y} + \frac{\partial v}{\partial x}\right)i$$

となって，コーシー・リーマンの式はこれが 0 になることに帰着する．つまり，

定理4 z の複素関数 w が z で微分可能であるための必要十分条件は，
$$\frac{\partial w}{\partial \bar{z}} = 0$$
これが，w が z の式で表わされる場合の "$\bar{z}$ をふくまない" ことに当る．そして，この条件の下で，

$$\frac{\partial w}{\partial z} = \frac{1}{2}\Big(\frac{\partial}{\partial x} - i\frac{\partial}{\partial y}\Big)(u+vi)$$
$$= \frac{1}{2}\Big(\frac{\partial u}{\partial x}+\frac{\partial v}{\partial y}\Big)+\frac{1}{2}\Big(\frac{\partial v}{\partial x}-\frac{\partial u}{\partial y}\Big)i = \frac{\partial u}{\partial x}-\frac{\partial u}{\partial y}i$$

となって, 定理2によると, これが $f'(z)$ になる.

また, 一般の $w = u(x,y)+v(x,y)i$
に対して (2) を代入して $w = w(z,\bar{z})$ と考えるとき,

$$dw = \frac{\partial w}{\partial z}dz + \frac{\partial w}{\partial \bar{z}}d\bar{z}$$

であることも容易に確かめられる.

とくに, $w = f(z)$ が正則関数のときは,

$$dw = f'(z)dz$$

となるわけである.

この節での理論を実際の関数に適用してみよう.

例1 $w = (x+y)+(2x+3y)i$

これを (2) によって, $z, \bar{z}$ で表わすと,

$$w = \Big(2+\frac{1}{2}i\Big)z+\Big(-1+\frac{3}{2}i\Big)\bar{z}$$

これはもちろん正則でない.

例2 $w = (x^2+y^2)+2xyi$

これは, $\quad w = z\bar{z}+\dfrac{1}{2}(z+\bar{z})(z-\bar{z}) = \dfrac{1}{2}(z^2-\bar{z}^2)+z\bar{z}$

これも正則でない.

例3 $w = (x^2-y^2)+2xyi$

これは, $w = z^2$ で正則である.

Q. $\dfrac{\partial}{\partial z}$ や $\dfrac{\partial}{\partial \bar{z}}$ を使うと, 話が大変直接的で, 実感としてよくわかります. しかし, 純粋の理論としてはどうなのですか.

A. 純粋な理論としても, (3) で述べたものを定義として進めばきちんとしているので, これでよいのです. それどころか, 実際に複素変数を利用していくのには, こうした

ことが有用です．ことに，ここでは述べませんが2つ以上の複素変数を使うような場合は一層そうなってきます．

§4. 正則関数による写像

実数の範囲で，a, b, c, d が定数とし，
$$X = ax+by, \qquad Y = cx+dy \qquad (ad-bc \neq 0)$$
によって平面 E の上の点 (x, y) を平面 F の上の点 (X, Y) へ移すのはアフィン変換である．この場合，原点，$(1, 0), (0, 1), (1, 1)$ を4つの頂点にもつ正方形は，原点，$(a, c), (b, d), (a+b, c+d)$ を頂点とする平行四辺形へ移るが，そのまわり向きについては，次のようである．

$$ad-bc > 0 \text{ のときは，同じまわり向き}$$
$$ad-bc < 0 \text{ のときは，反対のまわり向き}$$

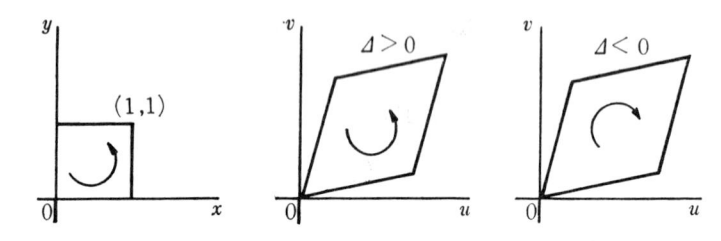

さて，
$$u = u(x, y), \qquad v = v(x, y)$$
によって，平面 E 上の点 (x, y) を平面 F 上の点 (u, v) へ移すときは，
$$du = \frac{\partial u}{\partial x}dx + \frac{\partial u}{\partial y}dy, \qquad dv = \frac{\partial v}{\partial x}dx + \frac{\partial v}{\partial y}dy$$
であることから，点 (x, y) で，x が $x+h$，y が $y+k$ になったときの u, v の変化で，h, k が微小として2次以上をすてて考えたものを p, q とすると，
$$p = ah+bk, \qquad q = ch+dk$$
$$\left(a = \frac{\partial u}{\partial x},\ b = \frac{\partial u}{\partial y},\ c = \frac{\partial v}{\partial x},\ d = \frac{\partial v}{\partial y}\right)$$
となる．

いま, $w = f(z) = u+vi$ が, $z = x+yi$ の正則関数のときは, コーシー・リーマンの条件によって,
$$a = d, \quad b = -c \tag{1}$$
だから, $\qquad ad-bc = a^2+b^2$

これは, $a = 0, b = 0$ (つまり $f(z)$ が定数) の場合を除いては, 正である. こうして,

定理5 正則関数による写像は, まわり向きをかえない

といえる.

また, (1) によって,
$$(du)^2+(dv)^2 = (adx+bdy)^2+(-bdx+ady)^2$$
つまり, $\qquad (du)^2+(dv)^2 = (a^2+b^2)((dx)^2+(dy)^2)$

このことから, 前に述べた

正則関数による写像は, 等角写像である

ということを導くこともできる. (192 ページ参照)

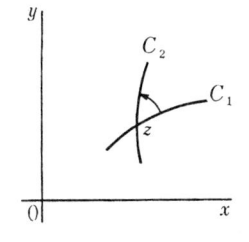

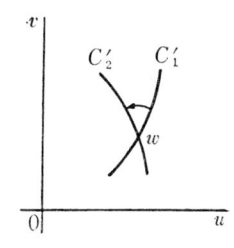

問題 6

1. 次の $z = x+yi$ の関数は正則関数であるか．正則関数のときは，導関数を求めよ．
   (1) x^2+y^2-2xyi
   (2) $x^3-3xy^2+(3x^2y-y^3)i$
   (3) $\dfrac{x+yi}{x^2+y^2}$
   (4) $\dfrac{x(x^2+y^2+1)+y(x^2+y^2-1)i}{x^2+y^2}$
   (5) $e^y(\cos x - i\sin x)$
   (6) $e^x(\cos y - i\sin y)$

2. 実数部分 u が次のようになっている正則関数は存在するか．存在すればこれを求めよ．
   (1) $u = x^2-y^2+2y-1$
   (2) $u = x^2+y^2-2x$
   (3) $u = \dfrac{y}{x^2+y^2}$
   (4) $u = \sin x \sinh y$

3. 正則関数 $f(x)$ で次のそれぞれが定数のとき，$f(z)$ 自身も定数であることを証明せよ．
   (1) $Im f(z)$
   (2) $Re f(z)$
   (3) $|f(z)|$

4. 正則関数 $f(z)$ で，つねに $f'(z)=0$ ならば，$f(z)$ は定数といってよいか．

5. 正則関数 $f(z)$ で，n 回微分してできる $f^{(n)}(z)$ がつねに 0 のとき，$f(z)$ は高々 $n-1$ 次の整式であることを示せ．

6. $w=f(z)$ が正則関数のとき，$\varphi = \dfrac{w''}{w'}$ とおいて，次のことを証明せよ．$(ad-bc \neq 0$ とする)
   (1) $w = \dfrac{az+b}{cz+d}$ のとき，$\varphi' - \dfrac{1}{2}\varphi^2 = 0$
   (2) $\varphi' - \dfrac{1}{2}\varphi^2 = 0$ のとき，$w = \dfrac{az+b}{cz+d}$

第7章 積 分 定 理

複素変数の関数 $f(z)$ を z について積分することは,実数の変数の場合になら って考えることができる.しかし,これが理論上滑らかに展開され,美しい応 用をもつのは,$f(z)$ が微分できる関数 (正則関数)の場合である.これを述べて いくことにしよう.

§1. 積分と原始関数

まず変数 x が実数のときの関数 $f(x)$ の積分について復習しておこう
区間 $[a,b]$ を,
$$a < x_1 < x_2 < \cdots\cdots < x_{n-1} < b \quad (a = x_0,\ b = x_n)$$
を分点として n 分し,
$$h_i = x_i - x_{i-1} \quad (i = 1, 2, \cdots\cdots, n)$$
とおき,$h_1, h_2, \cdots\cdots, h_n$ の最大値を h とする.つぎに,区間 $[x_{i-1}, x_i]$ の任意の値 を ξ_i として,
$$S = \lim_{h \to 0} \sum_{i=1}^{n} f(\xi_i) h_i = \lim_{h \to 0} (f(\xi_1) h_1 + \cdots\cdots + f(\xi_n) h_n) \tag{1}$$
を考える.これが $\int_a^b f(x) dx$ で,

$f(x)$ が連続であれば,$\int_a^b f(x) dx$ は存在する

というのが,基本的な定理である.

さらに,この場合,

とおくと,
$$F(t) = \int_a^t f(x)dx \qquad (2)$$
$$F'(t) = f(t) \qquad (3)$$

そして, 一般に,
$$G'(t) = f(t) \qquad (4)$$
となる $G(t)$ (原始関数) を使うと,
$$\int_a^b f(x)dx = G(b) - G(a) \qquad (5)$$

以上が実変数の関数についての積分の基本事項である.

そこで, 複素数の関数 $f(z)$ について実変数の場合と同じようなことを考えてみよう.

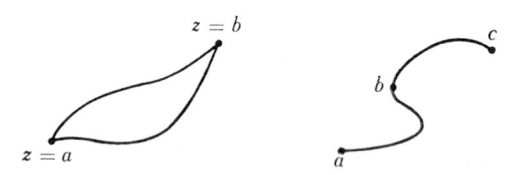

まず, $f(z)$ を $z=a$ から $z=b$ まで積分することを (1) にならって定義するとして, $z=a$ から $z=b$ へいたる道をきめる必要がある. 複素平面の上では, この道はいくらでもあって, どれをとるかをきめなくてはならない. 線分で結べば簡単のようであるが, それでは,

$$\int_a^b f(z)dz + \int_b^c f(z)dz = \int_a^c f(z)dz$$

というようなことが考えにくいであろう.

また, (4) の $G(t)$ のような $f(t)$ の原始関数については,
$$(z^n)' = nz^{n-1} \quad (n \text{ は整数}), \qquad (e^z)' = e^z$$
ということは知っているので, 原始関数を求めることならばこれで間に合うのであるが, (2) (3) は定積分が定義されていなくては意味がない.

こうして考えていくと, (1) に当ることを明確に定めておかなくてはならな

い．その準備として，次の節で実変数の関数の線積分のことを復習する．

なお，ここで，変数は実数であるが，複素数の値をとる関数について一つの準備事項を述べておこう．

いま，$u(x)$, $v(x)$ は実数値をとる積分可能な関数（たとえば連続関数）とし，
$$f(x) = u(x) + iv(x)$$
とする．このとき，$f(x)$ の $x = a$ から $x = b$ までの積分を，47ページでも述べたように，
$$\int_a^b f(x)dx = \int_a^b u(x)dx + i\int_a^b v(x)dx \tag{6}$$
によって定義すると，積分にかんするふつうの定理はすべて成り立つ．

$$\int_a^b (f(x) + g(x))dx = \int_a^b f(x)dx + \int_a^b g(x)dx$$

$$\int_a^b kf(x)dx = k\int_a^b f(x)dx \quad (k は複素数の定数)$$

$$\int_a^b f(x)dx = \int_a^c f(x)dx + \int_c^b f(x)dx$$

部分積分法や，置換積分法についても同様である．

さらに，次のことも，今後よく使われる．

定理1 $a < b$ のとき，$\left|\int_a^b f(x)dx\right| \leq \int_a^b |f(x)|dx$

証明 $f(x) = u(x) + iv(x)$, ($u(x)$, $v(x)$ は実関数) とおき，区間 $[a, b]$ を121ページのように n 分し，各区間の巾を h_j，各区間内の任意の点での $u(x)$, $v(x)$ の値を u_j, v_j とすると，(6) により，

$$\int_a^b f(x)dx = \lim_{h \to 0} \sum_{j=1}^n (u_j + iv_j)h_j, \quad \int_a^b |f(x)|dx = \lim_{h \to 0} \sum_{j=1}^n |u_j + iv_j|h_j$$

ところが，$h_j > 0$ だから，
$$\left|\sum_{j=1}^n (u_j + iv_j)h_j\right| \leq \sum_{j=1}^n |u_j + iv_j|h_j$$

これから定理の不等式が導かれる．

§2. 線積分に関するガウスの定理

$p = p(x,y)$, $q = q(x,y)$ が xy 平面の領域 D で定義された連続関数とし，
$$\omega = p(x,y)dx + q(x,y)dy$$
という1次微分式を考える．さらに，曲線
$$C : x = f(t),\ y = g(t) \quad (a \leq t \leq b)$$
が D 内で点 A から点 B へいたる連続曲線とする．つまり，$f(t), g(t)$ が t の連続関数とする．このとき，媒介変数 t の区間 $[a,b]$ を

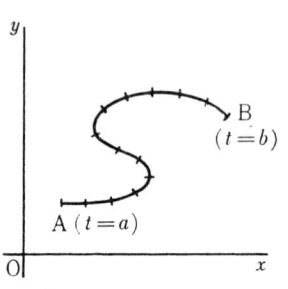

$$a < t_1 < t_2 < \cdots\cdots < t_{n-1} < b \quad (a = t_0,\ b = t_n)$$

で n 分し，$\quad \varDelta x_j = f(t_j) - f(t_{j-1}), \quad \varDelta y_j = g(t_j) - g(t_{j-1})$

$$(j = 1, 2, \cdots\cdots, n)$$

とおき，さらに区間 $[t_{j-1}, t_j]$ の任意の t に対する x, y の値を x_j, y_j とおく．いま，$\max(t_j - t_{j-1}) = h$ とし，

$$\lim_{h \to 0} \sum_{j=1}^{n} (p(x_j, y_j)\varDelta x_j + q(x_j, y_j)\varDelta y_j)$$

を考えるとき，この極限値が存在するならば，これを

$$\int_C \omega = \int_C (p(x,y)dx + q(x,y)dy)$$

とかいて，ω の C に沿っての線積分という．$a > b$ のときも同様に定義する．

線積分については，次のことが大切である．

(i) 道 C の逆の道を C^{-1} とかくと，

$$\int_{C^{-1}} \omega = -\int_C \omega$$

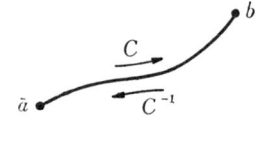

(ii) 2つの道 C_1, C_2 をつないだものを C とするとき，

$$\int_C \omega = \int_{C_1} \omega + \int_{C_2} \omega$$

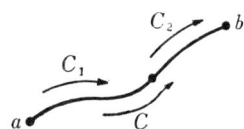

これから われわれの取扱う線 C の多くは，$f(t), g(t)$ が区分的に C^1 級の場合である．これは，$f(t), g(t)$ が区間 $[a,b]$ で連続でいくつかの C^1 級の部分からできている場合で，このとき，曲線 C が区分的に C^1 級であるという．

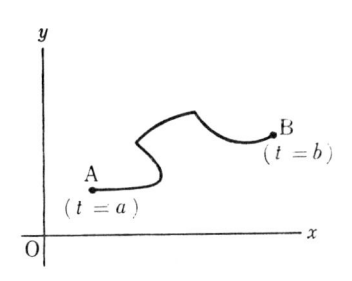

このような曲線に沿っては，線積分 $\int_C \omega$ は存在し，

$$\int_C \omega = \int_a^b \left(p(f,g)\frac{dx}{dt} + q(f,g)\frac{dy}{dt} \right) dt$$

で与えられる．この値は，媒介変数 t のとり方にも無関係であることは，容易に確かめられる．

とくに，$y = y(x)$ のときは，

$$\int_C \omega = \int \left(p(x, y(x)) + q(x, y(x))\frac{dy}{dx} \right) dx$$

となる．この意味で，ふつうの積分 $\int y\, dx$ も線積分と考えられる．

曲線 C が連続曲線で，途中では決して交わることがないとき，これをジョルダン曲線 (Jordan curve) という．また，これが閉曲線の場合，つまり，

$$f(a) = f(b), \quad g(a) = g(b)$$

のとき，C をジョルダン閉曲線という．円周や楕円はもちろんジョルダン閉曲線であるが，多角形の周もそうである．一般にジョルダン閉曲線は，平面を 2 つの領域に分割することがわかっているが，その証明はかなり難しい．

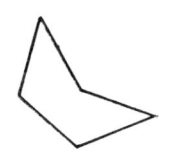

これから扱うことの多くは，ジョルダン曲線について成り立つのであるが，

実際の応用は，ほとんど区分的に C^1 級の場合であるので，そのように考えていくことにする．こうした曲線に沿っての線積分が，この章の主題となるのである．

線積分については，次のガウスの定理が基本的である．

定理 2 閉曲線 C とその囲む領域 D において，$p = p(x,y), q = q(x,y)$ が C^1 級（偏微分係数が連続）の関数とするとき，

$$\iint_D \left(\frac{\partial q}{\partial x} - \frac{\partial p}{\partial y}\right) dx\, dy = \int_C (p\, dx + q\, dy) \tag{1}$$

ここで，C は下の図のように，内部を左手にとったまわり向きとする．（これを正のまわり向きという）

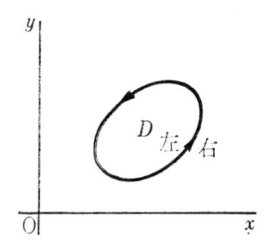

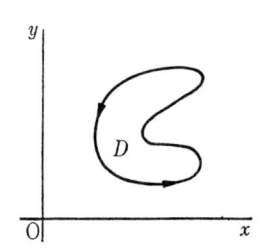

証明 右の図の場合には，次のようにして証明できる．D が

$$a \leqq x \leqq b, \quad \varphi_1(x) \leqq y \leqq \varphi_2(x)$$

で表わされているとすると，

$$\iint_D -\frac{\partial p}{\partial y} dx\, dy = \int_a^b \left(\int_{\varphi_1(x)}^{\varphi_2(x)} -\frac{\partial p}{\partial y} dy\right) dx$$

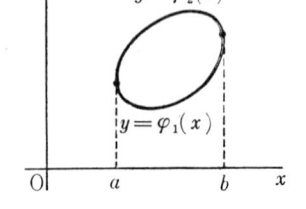

$$= \int_a^b [-p]_{y=\varphi_1(x)}^{y=\varphi_2(x)} dx = \int_a^b -p(x, \varphi_2)\, dx + \int_a^b p(x, \varphi_1)\, dx = \int_C p\, dx$$

同じように，D を，

$$c \leqq y \leqq d, \quad \psi_1(y) \leqq x \leqq \psi_2(y)$$

とすると，

$$\iint_D \frac{\partial q}{\partial x} dx\, dy = \int_C q\, dy$$

が証明できる.

C が右の下図のようになっているときは D を図の点線で示したように D_1, D_2 と分けて考えると,各部分については上に示したように,(1)が成り立っている.そこでこの2つを加えればよい.この場合,分割する線の上での積分は,消しあうことになる.一般の場合にも,このようにして(1)が成り立つ.

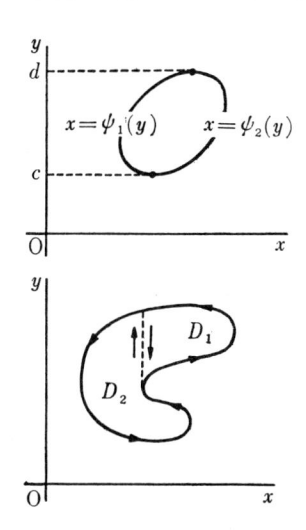

Q. この証明で,終りの所はこれで厳密な証明といえますか.

A. そうはいえません.これをきちんとやるのには,もっと準備が要りますので,ここでのお話しの程度を超えます.そうしたことは,また先へ行って学ぶとして,ここでは辛抱して下さい.つぎに,応用上大切なことをお話ししておきましょう.

領域 D が,右に示すように穴のあいたものであっても,上の定理2は通用する.このときは,境界 C は C_1 と C_2 からできている.C_1 のまわり向きは前と同じであるが,C_2 では D の内部を左手に見るまわり向きとして C_1 のまわり向きとは反対にとって,(1) は

$$\iint_D = \int_{C_1} + \int_{C_2}$$

となる.証明も D を点線に沿って分割すればできる.

もし,$C_2^{-1} = C_2'$ とすると,これは

$$\iint_D = \int_{C_1} - \int_{C_2'}$$

となる.

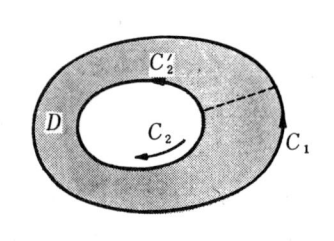

また，D に穴がいくつあってもよい．右の図のときは，

$$\iint_D = \int_{C_1} - \int_{C_1'} - \int_{C_2'} - \int_{C_3'}$$

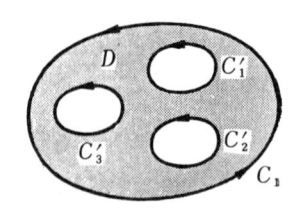

外微分とガウスの定理

ここで，ガウスの定理（定理2）を表わす1つの新しい方法を述べておこう．それは，外積算法と外微分である．外積算法というのは，微分 dx, dy について，

$$dx \wedge dx = 0, \quad dy \wedge dy = 0, \quad dx \wedge dy = -dy \wedge dx \tag{2}$$

とする算法 $\wedge$ で，これ以外はふつうの式の計算法に従うものである．したがって，たとえば，

$$\omega_1 = p\,dx + q\,dy, \qquad \omega_2 = r\,dx + s\,dy$$

については，

$$\begin{aligned}\omega_1 \wedge \omega_2 &= (p\,dx + q\,dy) \wedge (r\,dx + s\,dy) \\ &= pr\,dx \wedge dx + qr\,dy \wedge dx + ps\,dx \wedge dy + qs\,dy \wedge dy \\ &= (ps - qr)dx \wedge dy\end{aligned}$$

また，ω_1 の外微分 $d\omega_1$ は，ω_1 の p, q の微分をとって，

$$d\omega_1 = dp \wedge dx + dq \wedge dy \tag{3}$$

によって定義する．ここで，

$$dp = \frac{\partial p}{\partial x}dx + \frac{\partial p}{\partial y}dy, \qquad dq = \frac{\partial q}{\partial x}dx + \frac{\partial q}{\partial y}dy$$

を代入して計算すると，

$$d\omega_1 = \left(\frac{\partial q}{\partial x} - \frac{\partial p}{\partial y}\right)dx \wedge dy \tag{4}$$

そこで，定理2の式の左辺の $dx\,dy$ を $dx \wedge dy$ とみることにすると，126 ページの (1) は次のようにかける．

$$\iint_D d\omega_1 = \int_C \omega_1 \tag{5}$$

さらに，D の境界 C を ∂D とかくことにし，2重積分も1つの $\int$ でかくことにすると，

$$\int_D d\omega_1 = \int_{\partial D} \omega_1 \tag{6}$$

となって，左辺の $d\omega_1$ の d が，右辺では D の所へ ∂ として移ることになる．ふつう，領域の境界を表わすのに ∂ という記号を使うが，それは，この式 (6) の成り立つことが1つの理由である．

外積や外微分の算法は，変数 x, y のとり方に関係しないことがわかっている．詳しいことは，ここでは省略する．

ω が全微分式のとき，つまり C^2 級の関数 $\varphi = \varphi(x, y)$ があって，

$$\omega = d\varphi = \frac{\partial \varphi}{\partial x} dx + \frac{\partial \varphi}{\partial y} dy$$

のときは，(4) によって，

$$d\omega = d(d\varphi) = 0 \tag{7}$$

であることがわかる．つまり，dd という算法は 0 といえる．

このようなことは，図形の境界をとる算法 ∂ についても同じで，領域 D について，

$$\partial(\partial D) = 0$$

である．それは，∂D は D の周の閉曲線で，その閉曲線の境界というものは存在しないことを意味する．

Q. なかなか面白い記号と計算法ですね．応用は広いのですか．

A. とても便利なもので，たとえば，2変数の重積分での変数変換の定理
$x = \varphi(u, v)$, $y = \psi(u, v)$ で uv 平面の領域 D が xy 平面の領域 K へ移るときは，

$$\iint_K f(x, y) dx\, dy = \iint_D f(\varphi, \psi) J\, du\, dv$$

ここに，$\quad J = \dfrac{\partial(x, y)}{\partial(u, v)} = \begin{vmatrix} \dfrac{\partial x}{\partial u} & \dfrac{\partial x}{\partial v} \\ \dfrac{\partial y}{\partial u} & \dfrac{\partial y}{\partial v} \end{vmatrix} > 0 \quad$ とする． $\tag{8}$

では，次のように考えると，極めて形式的に出てきます．
$$dx = \frac{\partial x}{\partial u}du + \frac{\partial x}{\partial v}dv, \qquad dy = \frac{\partial y}{\partial u}du + \frac{\partial y}{\partial v}dv$$
これから，$dx \wedge dy$ を作って計算すると，
$$dx \wedge dy = \left(\frac{\partial x}{\partial u}du + \frac{\partial x}{\partial v}dv\right) \wedge \left(\frac{\partial y}{\partial u}du + \frac{\partial y}{\partial v}dv\right)$$
$$= \left(\frac{\partial x}{\partial u}\frac{\partial y}{\partial v} - \frac{\partial x}{\partial v}\frac{\partial y}{\partial u}\right) du \wedge dv = J\, du \wedge dv$$
だから，(8) は $dx\,dy, du\,dv$ をそれぞれ $dx \wedge dy, du \wedge dv$ とおくと形式的に外積算法で得られるのです．

外微分も極めて有用で，これはエリー・カルタン (E. Cartan) という大先生の考えたことです．このような計算をしてよいという根拠は，203ページの下で挙げた多様体の書物を見て下さい．

これまで述べてきたことの例を述べよう．

例1 右の図に示した領域の面積 S は，
$$S = \int_C -y\,dx$$
とかける．これは定理2で $p = -y, q = 0$ の場合で，$\dfrac{\partial p}{\partial y} = -1, \dfrac{\partial q}{\partial x} = 0$ だから，
$$\iint_D dx\,dy = \int_C -y\,dx$$
となるからである．

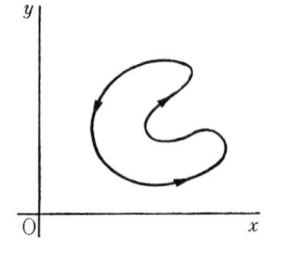

これはまた，$\omega = -y\,dx,\ C = \partial D$ とすれば，
$$d\omega = -dy \wedge dx = dx \wedge dy$$
によって (6) から直ちに得られる．

面積 S はまた，$S = \displaystyle\int_C x\,dy$ とも表わされ，上の2式から
$$S = \frac{1}{2}\int_C (x\,dy - y\,dx)$$
ともかける．この場合でいえば，(6) では，$\omega = \dfrac{1}{2}(x\,dy - y\,dx)$ とおくと，
$$d\omega = \frac{1}{2}(dx \wedge dy - dy \wedge dx) = dx \wedge dy$$

例2 右の図の領域 D を，x 軸のまわりに1回転してできる立体の体積を V とすると， 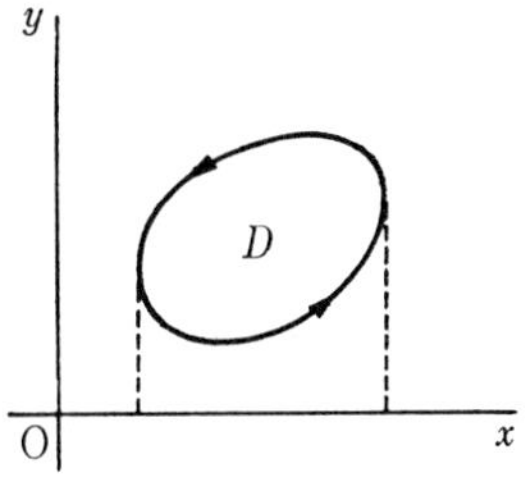
$$V = \int_C -\pi y^2 \, dx$$
$\omega = -\pi y^2 \, dx$ とおくと，
$$d\omega = -2\pi y \, dy \wedge dx = 2\pi y \, dx \wedge dy$$
だから，V は次のようにも表わせる．
$$V = \iint 2\pi y \, dx \, dy = 2\pi y_G \cdot S = lS$$

ここに，S は D の面積，y_G は D に一様な密度が分布しているときの重心の y 座標，l は D を x 軸のまわりに1回転するとき，この重心のえがく線の長さである．

§3. 積分定理

正則関数 $f(z)$ を複素平面上の曲線
$$C : z = z(t) = x(t) + y(t)i \quad (\alpha \leq t \leq \beta)$$
に沿って $z = a$ から $z = b$ まで積分することは，次のように定義される．

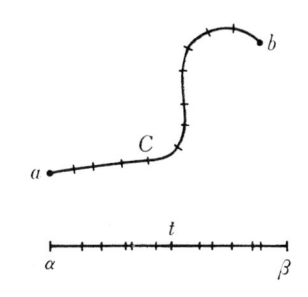

区間 $[\alpha, \beta]$ を，
$$\alpha < t_1 < t_2 < \cdots\cdots < t_{n-1} < \beta$$
$$(t_0 = \alpha, \quad t_n = \beta)$$
と n 分し，
$$t_j - t_{j-1} = h_j \quad (j = 1, 2, \cdots\cdots, n)$$
$h_1, h_2, \cdots\cdots, h_n$ の最大値を h

区間 $[t_{j-1}, t_j]$ での任意の値を τ_j
とする．このとき，

$$\int_C f(z)dz = \lim_{h \to 0} \sum_{j=1}^{n} f(z(\tau_j))(z(t_j)-z(t_{j-1})) \tag{1}$$

によって積分を定義する. $\alpha > \beta$ のときも同様である.

これを, $\quad f(z) = u+vi = u(x,y)+v(x,y)i$
$z = x+yi, \ \varDelta z = \varDelta x + \varDelta y\, i \ (x,y,u,v,\varDelta x, \varDelta y$ は実数)
$$h_j = z(t_j) - z(t_{j-1})$$

とおいて書き直すと,

$$\lim_{h \to 0} \sum_{j=1}^{n} f(z(\tau_j))h_j = \lim_{h \to 0} \sum (u+vi)(\varDelta x + \varDelta y i)$$
$$= \lim_{h \to 0} \left(\sum (u\varDelta x - v\varDelta y) + i \sum (v\varDelta x + u\varDelta y) \right)$$

となって, (1) は次の形になる. (右辺は線積分である)

$$\int_a^b f(z)dz = \int_C (u\,dx - v\,dy) + i \int_C (v\,dx + u\,dy) \tag{2}$$

そこでいま, 積分する道として $z=a$ から出てここへ戻ってくる閉曲線 C をとって考える. C のかこむ領域を D とおいて, 線積分に関するガウスの定理を適用すると,

$$\int_C (u\,dx - v\,dy) = \iint_D \left(-\frac{\partial v}{\partial x} - \frac{\partial u}{\partial y} \right) dx\,dy \tag{3}$$

$$\int_C (v\,dx + u\,dy) = \iint_D \left(\frac{\partial u}{\partial x} - \frac{\partial v}{\partial y} \right) dx\,dy \tag{4}$$

ところが, $f(z) = u+vi$ が正則関数であることから, コーシー・リーマンの式,

$$\frac{\partial u}{\partial x} = \frac{\partial v}{\partial y}, \qquad \frac{\partial v}{\partial x} = -\frac{\partial u}{\partial y}$$

が成り立っているので, (3) (4) はともに 0 となる. したがって, (2) から次の結果が得られたことになる.

定理3 閉曲線 C とその囲む領域 D において $f(z)$ が正則のとき, C に沿っての $f(z)$ の積分はつねに 0 である. つまり,

$$\int_C f(z)dz = 0$$

これが複素関数の積分に関する最も基本的な定理であって，コーシーの積分定理といわれている．

いま，$z=a$ から $z=b$ へいく2つの連続曲線 C_1, C_2 を考え，$z=a$ から C_1 に沿って $z=b$ へ至り，$z=b$ から C_2 の道を逆にたどって（これを C_2^{-1} とかく）$z=a$ へ戻る道を1つの閉曲線とみると，

$$\int_{C_1} f(z)dz + \int_{C_2^{-1}} f(z)dz = 0$$

これから，

$$\int_{C_1} f(z)dz = \int_{C_2} f(z)dz$$

これは，次のように言い表わすことができる．

定理 4 $f(z)$ が正則のとき，

$$\int_a^b f(z)dz$$

は $z=a$ から $z=b$ へいたる道のとり方には**無関係に定まる**.

コーシーの積分定理は，外微分の記号を使うと，次のように**形式的に理解**できる．
129ページの (6) を複素数の場合に適用すると，

$$\int_C f(z)dz = \int_D d(f(z)dz)$$

そして， $\quad d(f(z)dz) = df(z) \wedge dz = f'(z)dz \wedge dz = 0$

だから， $\quad \int_C f(z)dz = 0$

$f = f(z)$ が正則関数でないときは，$f = f(z, \bar{z})$ と考えられて，

$$df = \frac{\partial f}{\partial z}dz + \frac{\partial f}{\partial \bar{z}}d\bar{z}$$

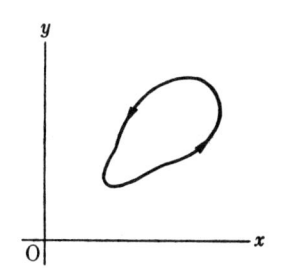

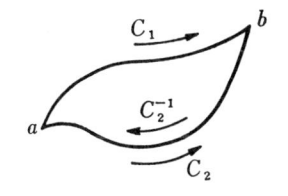

となり，
$$df \wedge dz = \frac{\partial f}{\partial \bar{z}} d\bar{z} \wedge dz$$
これは0にならないのである.

§4. 定積分と原始関数

変数が実数の場合には，$f(x)$ が連続関数であると，122ページのように積分と微分の関係がわかり，原始関数 $G(x)$ を求めれば定積分の値が求められる．この結果は正則関数の場合にも成り立つが，証明は少し手間がかかる．これを次に示そう．

まず，定理4によって，正則関数の積分は，積分する道の両端 $z = a, z = b$ だけに関係してきまる．このことをもとにして次のことが成り立つ．

定理5 $f(z)$ が正則関数のとき，
$$F(\zeta) = \int_a^\zeta f(z) dz$$
とおくと，
$$\frac{d}{d\zeta} F(\zeta) = f(\zeta)$$

証明 まず，$F(\zeta + h) - F(\zeta) = \int_a^{\zeta+h} f(z) dz - \int_a^\zeta f(z) dz$

a から $\zeta+h$ へいたる道を，a から ζ へいき，それから $\zeta+h$ へいくものにとると，
$$\int_a^{\zeta+h} f(z) dz = \int_a^\zeta f(z) dz + \int_\zeta^{\zeta+h} f(z) dz$$
だから，
$$F(\zeta+h) - F(\zeta) = \int_\zeta^{\zeta+h} f(z) dz \qquad (1)$$

また，積分の定義 (132ページ (1)) からすぐわかるように，
$$\int_a^\zeta dz = \int_a^\zeta 1 dz = \zeta - a$$
だから，
$$\int_\zeta^{\zeta+h} f(\zeta) dz = f(\zeta) \int_\zeta^{\zeta+h} dz = f(\zeta) h \qquad (2)$$

(1) (2) から,
$$\frac{F(\zeta+h)-F(\zeta)}{h}-f(\zeta) = \frac{1}{h}\int_{\zeta}^{\zeta+h}(f(z)-f(\zeta))dz$$
点 ζ から点 $\zeta+h$ へいたる道は何であっても，この積分の値は同じであるから，これを結ぶ線分にとり，その上で
$$z = \zeta+th \qquad (0 \leq t \leq 1)$$
とおけば，$dz = h\,dt$ となり，
$$\frac{1}{h}\int_{\zeta}^{\zeta+h}(f(z)-f(\zeta))dz = \frac{1}{h}\int_0^1 (f(z)-f(\zeta))h\,dt = \int_0^1 (f(z)-f(\zeta))dt \qquad (3)$$
そこで，与えられた $\varepsilon > 0$ に対し，$|h|$ を十分小さくとれば，
$$|z-\zeta| < |h| \text{ である任意の } z \text{ に対し，} |f(z)-f(\zeta)| < \varepsilon$$
したがって，123 ページ定理 1 により，
$$\left|\int_0^1 (f(z)-f(\zeta))dt\right| \leq \int_0^1 |f(z)-f(\zeta)|dt \leq \int_0^1 \varepsilon\,dt = \varepsilon \qquad (4)$$
こうして，(3) (4) から，$\qquad \left|\dfrac{F(\zeta+h)-F(\zeta)}{h}-f(\zeta)\right| < \varepsilon$

したがって，$\qquad F'(\zeta) = \lim_{h\to 0}\dfrac{F(\zeta+h)-F(\zeta)}{h} = f(\zeta)$

(証明終)

定理 5 の証明では，$F(\zeta) = \int_a^{\zeta} f(z)dz$ が a から ζ へいく積分の道に関係しないで，a と ζ の値にだけ関係するということを使っているだけである (a, ζ は任意). このことは，任意の閉曲線 C について $\int_C f(z)dz$ が 0 となることと同じだから，定理 5 は次のようにいえる.

定理 6 $f(z) = u+vi$ が $z = x+yi$ の関数で，$u = u(x,y), v = v(x,y)$ が C^1 級とし，任意の閉曲線 C について，
$$\int_C f(z)dz = 0$$
のとき，$\quad F(z) = \int_a^z f(\zeta)d\zeta$ は z の正則関数で $\quad F'(z) = f(z)$

そこで，122 ページの (5) に当ることを示そう．まず，

定理7 正則関数 $f(z)$ について，領域 D で $f'(z) = 0$ であれば，
$$f(z) = 定数$$

証明 $z = x+yi$, $f(z) = u+vi$ とおくと，コーシー・リーマンの条件によって，

$$\frac{\partial u}{\partial x} = \frac{\partial v}{\partial y}, \quad \frac{\partial v}{\partial x} = -\frac{\partial u}{\partial y} \tag{1}$$

また112ページ定理2により， $f'(z) = \dfrac{\partial u}{\partial x} - \dfrac{\partial u}{\partial y}i = 0$

したがって， $\dfrac{\partial u}{\partial x} = 0$, $\dfrac{\partial u}{\partial y} = 0$ となり，u は定数

また，(1)により， $\dfrac{\partial v}{\partial x} = 0$, $\dfrac{\partial v}{\partial y} = 0$ となり，v は定数

つまり，$f(z) = u+vi$ は定数である．

定理7から実変数の場合と同じように，

$f(z), g(z)$ が正則で，$f'(z) = g'(z)$ ならば，$f(z) - g(z) = $ 定数

となる．それは，$(f(z) - g(z))' = 0$ だからである．

これからまた，

定理8 $f(z)$ が正則，$G'(z) = f(z)$ のとき，

$$\int_a^b f(z)dz = G(b) - G(a)$$

証明 $\int_a^\zeta f(z)dz = F(\zeta)$ とおくと， $F'(\zeta) = f(\zeta)$

つまり， $F'(z) = f(z)$

これと $G'(z) = f(z)$ から， $F'(z) = G'(z)$

したがって， $F(z) = G(z) + c$ （c は定数)

$F(a) = 0$ だから， $c = -G(a)$

ゆえに， $F(z) = G(z) - G(a)$

$$\int_a^b f(z)dz = F(b) = G(b) - G(a)$$

例 $z^n = \left(\dfrac{z^{n+1}}{n+1}\right)'$ （n は自然数）

だから，定理 8 によって，

$$\int_a^b z^n dz = \left[\dfrac{z^{n+1}}{n+1}\right]_a^b = \dfrac{1}{n+1}(b^{n+1}-a^{n+1})$$

Q. これでやっと，原始関数と積分の関係がわかったというわけですね．実変数の場合と道筋は同じようでも，なかなか手間どるのですね．

A. その通りです．それだけにまた，深いことともいえます．ことに実変数の場合の積分は，面積で直観的にとらえられますが，複素変数の場合にはそうはいきませんからね．

127 ページで述べたことを，コーシーの積分定理の場合に適用すると，次のことがいえる．

定理 9 閉曲線 C の内部にもう 1 つの閉曲線 C_1 があって，この 2 つの閉曲線の間の領域で $f(z)$ が正則であれば，

$$\int_C f(z)dz = \int_{C_1} f(z)dz$$

ここで，C, C_1 は正のまわり向きとする．

このことは，内部の閉曲線の数が増しても同じで，右のような図の場合，

$$\int_C f(z)dz = \sum_{j=1}^n \int_{C_j} f(z)dz$$

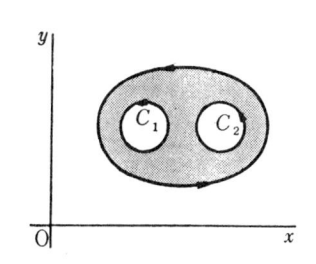

§5. 積分 $\displaystyle\int\dfrac{dz}{z^n}$ （n は自然数）

整式で表わされる関数についての積分は，前節で述べた通りであるが，分数関数の積分には問題点があって，これがまた重要なものである．これを明らかにしよう．

C は原点をとおらない閉曲線で，正の向きに 1 周するものとし，これについての積分

$$\int_C \dfrac{dz}{z^n} \quad (n \text{ は自然数})$$

を考える. $n \geqq 2$ のときは,

$$\frac{d}{dz}z^{-n+1} = (-n+1)z^{-n} \text{ だから,} \quad \frac{1}{z^n} = \frac{d}{dz}\frac{z^{-n+1}}{-n+1}$$

であることから, $z=a$ から $z=b$ までの積分について,

$$\int_a^b \frac{dz}{z^n} = \left[\frac{z^{-n+1}}{-n+1}\right]_a^b = \frac{1}{-n+1}(b^{-n+1}-a^{-n+1})$$

したがって閉曲線 C については,

$$\int_C \frac{dz}{z^n} = 0 \quad (n \geqq 2) \tag{1}$$

このことは, 原点が閉曲線 C の外部にあれば, コーシーの積分定理 (定理 3) からも明らかである. しかし, 原点が C の内部にあるときは, この積分定理だけからは (1) は出てこない.

つぎに, $n=1$ の場合に, まず $\int_{z_1}^{z_2} \frac{dz}{z}$ を考えてみよう.
このとき,

$$\frac{d}{dz}\log z = \frac{1}{z}$$

ということは, 101 ページで述べたように複素関数の場合にも成り立つから,

$$\int_{z_1}^{z_2} \frac{dz}{z} = \log z_2 - \log z_1 \tag{2}$$

ここで大切なのは, 対数関数 $\log z$ の多価性である. $\log z$ は,

$$z = re^{i\theta} \; (r>0) \text{ のとき,} \qquad \log z = \log r + i\theta$$

と表わされるものであったが, z が与えられても θ には 2π の整数倍の差が自由に考えられる. したがって, (2) の右辺でも点 z が z_1 から z_2 まで動く間に, z の偏角がどれだけ変わるかが問題となる.

いま, 点 z が閉曲線 C 上の点 z_1 から出発し, C の上をまわってもとの点 z_1 へもどる場合は, (2) で $z_1 = z_2$ であるが, $\log z_1$ と $\log z_2$ の実数部分 ($\log r$) は同じであることに論はないが, 虚数部分 $i\theta$ については, z が原点のまわりを

どのようにまわったかが問題となる．こうして，たとえば，C が原点のまわりを正の向きに1周しているときは，

$$\int_C \frac{dz}{z} = 2\pi i \qquad (3)$$

となる．これは，次のようにして導くこともできる．

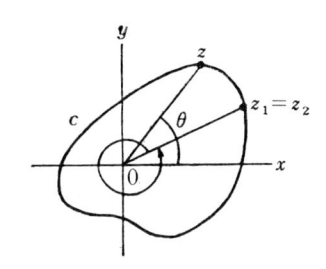

　原点を中心として十分小さい半径で円 $\varGamma$ をかいて，$\varGamma$ が閉曲線 C の内部にあるようにする．いま，C 上と $\varGamma$ の間の領域 D を考えると $\dfrac{1}{z}$ はこの領域で正則となるから，定理9によって，

$$\int_C \frac{dz}{z} = \int_\varGamma \frac{dz}{z} \qquad (4)$$

つまり，

　　　C に沿っての積分を，C を縮めた円周 $\varGamma$ に沿っての積分に還元する

ことができるのである．

　そこで，$\varGamma$ に沿って $\dfrac{1}{z}$ の積分を考える．$\varGamma$ の半径を ε とすると，$\varGamma$ 上の点 z については，

$$z = \varepsilon e^{i\theta}$$

$\varGamma$ 上では，ε は一定で θ が変わるだけだから，

$$dz = \varepsilon de^{i\theta} = \varepsilon e^{i\theta} \cdot id\theta$$

したがって，

$$\int_\varGamma \frac{dz}{z} = \int_0^{2\pi} \frac{\varepsilon e^{i\theta} \cdot i}{\varepsilon e^{i\theta}} d\theta = i\int_0^{2\pi} d\theta = 2\pi i$$

これと (4) から (3) が導かれたことになる．

　(1) (4) はもう少し一般に次のようになる．($z-a=w$ とおけば，これらに帰着する)

定理10 C が a を通らない閉曲線のとき，

$$\int_C \frac{dz}{(z-a)^n} = 0 \quad (n \geq 2)$$

C が a を正の向きに1周するとき，

$$\int_C \frac{dz}{z-a} = 2\pi i$$

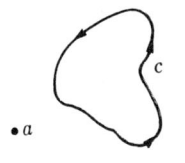

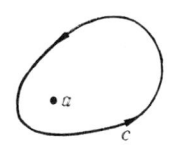

a が C の囲む線の外にあるときは，

$$\int_C \frac{dz}{z-a} = 0$$

§6. コーシーの積分表示

コーシーの積分定理（定理3）から次の応用の広い定理が得られる．これをコーシーの積分表示という．

定理11 領域 D 内で正則な関数 $f(z)$ と，D 内で点 a を正の向きに1周する線 C について，

$$\int_C \frac{f(z)}{z-a} dz = 2\pi i f(a) \tag{1}$$

証明 a を中心とする十分小さな半径 ε の円 Γ を C 内に作ると，(1)の左辺の C に沿っての積分が Γ に沿っての積分に還元されることは前ページ(4)の場合と同じである．

つまり，

$$\int_C \frac{f(z)}{z-a} dz = \int_\Gamma \frac{f(z)}{z-a} dz \tag{2}$$

ところが，定理10によって，

$$\int_\Gamma \frac{f(a)}{z-a} dz = f(a) \int_\Gamma \frac{dz}{z-a} = f(a) \cdot 2\pi i \tag{3}$$

だから，

$$\int_\Gamma \frac{f(z)}{z-a} dz = \int_\Gamma \frac{f(a)}{z-a} dz \tag{4}$$

が証明できれば，(2)(3) によって (1) が証明されたことになる．

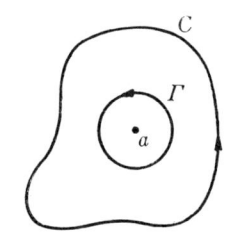

(4) を示すには，両辺を引いたものを K とおくと，

$$K = \int_\Gamma \frac{f(z)-f(a)}{z-a} dz$$

Γ の半径 $\varepsilon = |z-a|$ を十分小さくすれば，$|f(z)-f(a)|$ をあらかじめ与えられたどんな小さな値 h よりも小さくできる．このことから，$z-a = \varepsilon e^{i\theta}$ とおいて，

$$|K| = \left| \int_0^{2\pi} \frac{f(z)-f(a)}{\varepsilon e^{i\theta}} \varepsilon i e^{i\theta} d\theta \right| \leq \int_0^{2\pi} |f(z)-f(a)| d\theta$$

$$\leq \int_0^{2\pi} h\, d\theta = 2\pi h$$

h はどんなに小さくもとれるから，結局 $K = 0$

これで (4)，したがって定理11が証明された．

定理11の式 (1) は，次のように書き直される．

$$f(a) = \frac{1}{2\pi i} \int_C \frac{f(z)}{z-a} dz \qquad (5)$$

そこで，C を点 a を中心とする半径 R の円周にとると，その上では，

$$z = a + Re^{i\theta}$$
$$dz = Re^{i\theta} i\, d\theta$$

したがって (5) は，

$$f(a) = \frac{1}{2\pi i} \int_0^{2\pi} \frac{f(a+Re^{i\theta})}{Re^{i\theta}} Re^{i\theta} i\, d\theta$$

となって，

$$f(a) = \frac{1}{2\pi} \int_0^{2\pi} f(a+Re^{i\theta}) d\theta \qquad (6)$$

このことは次のように言い表わされる．

定理12 $f(z)$ が正則関数のとき，$f(a)$ は，円周 $|z-a| = R$ の上での $f(z)$ の値の平均値 (変数は中心角) になっている．

これを使って，いわゆる代数学の基本定理

$$n次の整式\ P(z) = a_0z^n + a_1z^{n-1} + \cdots\cdots + a_{n-1}z + a_n \quad (a_0 \neq 0)$$

には，$P(\alpha) = 0$ となる α が存在する．

を証明してみよう．証明は，背理法による．

いま，このような α がないとして，

$$f(z) = \frac{1}{P(z)}$$

という関数を考えると，これは全平面で正則である．原点を中心として半径 R の円周を考えると，定理12により，

$$f(0) = \frac{1}{2\pi}\int_0^{2\pi} f(Re^{i\theta})d\theta \tag{7}$$

$R \to \infty$ とすると，$P(z) \to \infty$ だから $f(z) \to 0$ となる．

したがって (7) によって，

$$f(0) = 0$$

となるが，これは仮定に矛盾する．これで証明がすむ．

Q. これで，前々から気になっていた

複素数を係数とする代数方程式は複素数の根をもつ

ということの証明が伺えたわけですね．もっと別の証明もありますか．

A. いろいろの証明があります．(149ページ参照) コーシーの定理を使わないもっと直接的なものもあります．

定理11から次のことが導かれる．これらは，微分係数を積分で表わすもので，これが複素変数の関数の大きな特徴である．

定理 13 $f(z)$ が領域 D で正則のとき，D の点 a とそのまわりを正の向きに1周する線 C について，($f(z)$ は C 上でも正則)

$$f'(a) = \frac{1}{2\pi i}\int_C \frac{f(z)}{(z-a)^2}dz \tag{1}$$

さらに一般に，

$$f^{(n)}(a) = \frac{n!}{2\pi i}\int_C \frac{f(z)}{(z-a)^{n+1}}dz \tag{2}$$

(1) は，コーシーの積分表示 $$f(a) = \frac{1}{2\pi i} \int_C \frac{f(z)}{z-a} dz$$
で，a の入っているところを形式的に微分した式になっている．つまり，右辺でいえば，
$$\frac{1}{2\pi i} \int_C \frac{d}{da}\left(\frac{f(z)}{z-a}\right) dz = \frac{1}{2\pi i} \int_C \frac{f(z)}{(z-a)^2} dz$$
(2) についても同じようである．

しかし，これで定理13の証明ができたわけではない．それは次のようである．

証明 (1) を示すのには， $F(t) = \int_C \frac{f(z)}{z-t} dz$

とおいて，
$$F'(t) = \int_C \frac{f(z)}{(z-t)^2} dz \tag{3}$$

であることを導けばよい．まず，

$$F(u) - F(t) = \int_C \frac{f(z)}{z-u} dz - \int_C \frac{f(z)}{z-t} dz$$
$$= \int_C f(z)\left(\frac{1}{z-u} - \frac{1}{z-t}\right) dz = \int_C f(z) \frac{u-t}{(z-u)(z-t)} dz$$

となり，
$$\frac{F(u) - F(t)}{u-t} = \int_C \frac{f(z)}{(z-u)(z-t)} dz$$

そこで， $$\varphi(u) = \int_C \frac{f(z)}{(z-t)^2} dz - \int_C \frac{f(z)}{(z-u)(z-t)} dz \tag{4}$$

とおいて， $u \to t$ のとき $\varphi(u) \to 0$

であることを示せばよい．(4) から，

$$\varphi(u) = (t-u) \int_C \frac{f(z)}{(z-u)(z-t)^2} dz$$

$f(z)$ は C 上では連続であるから，
$$|f(z)| < M$$
となる定数 M が存在する．

また，点 t と曲線 C との最短距離を d とし，$|t-u| \leqq \frac{d}{2}$ となるように u をとれば，

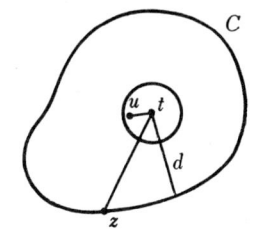

$$|z-t| \geqq d, \quad |z-u| \geqq |z-t| - |t-u| \geqq d - \frac{1}{2}d = \frac{1}{2}d$$

一般に，曲線Cの長さをL, その上では$|g(z)|<A$のとき，
$$\left|\int_C g(z)dz\right| \leqq AL \tag{5}$$
であることがわかっているから
$$|\varphi(u)| \leqq |t-u| \cdot \frac{M}{\dfrac{d}{2} \cdot d^2} L$$
したがって，$\lim_{u \to t} \varphi(u) = 0$. これで (1) が証明された.

つぎに，(2) を数学的帰納法で示そう. これは，
$$F_n(t) = \int_C \frac{f(z)}{(z-t)^n}dz \quad (n=1,2,3,\cdots\cdots)$$
とおくとき，
$$F_n'(t) = nF_{n+1}(t) \tag{6}$$
であることを示せばよい.

これが $n=1$ のとき正しいというのが (3) である.

$n=k-1$ のとき正しいとして，$n=k$ のときを導くのには，次のようにすればよい.
$$\frac{F_k(u)-F_k(t)}{u-t} = \int_C \frac{f(z)}{(z-u)^k(z-t)}dz$$
$$+ \frac{1}{u-t}\left(\int_C \frac{f(z)}{(z-u)^{k-1}(z-t)}dz - \int_C \frac{f(z)}{(z-t)^k}dz\right) \tag{7}$$

$u \to t$ とすると，右辺の第1項の極限は (4) の場合と同じように $F_{k+1}(t)$ となり，第2項の極限は (6) の $n=k-1$ の場合，
$$\lim_{u \to t}\frac{1}{u-t}\left(\int_C \frac{f(z)}{(z-u)^{k-1}}dz - \int_C \frac{f(z)}{(z-t)^{k-1}}dz\right) = (k-1)\int_C \frac{f(z)}{(z-t)^k}dz$$

で $f(z)$ のところへ $\dfrac{f(z)}{z-t}$ とおいたものだから $(k-1)F_{k+1}(t)$ となる. したがって，(7) で $u \to t$ とした式から，
$$F_k'(t) = F_{k+1}(t) + (k-1)F_{k+1}(t) = kF_{k+1}(t) \qquad \text{(証明終)}$$

注 (5) は次のようにして証明される. 曲線 C をいくつかの点で細分して考えると，その極限として，
$$\int_C g(z)dz = \lim \sum g(z)\varDelta z$$

そして，　$|\sum g(z)\varDelta z| \leq \sum |g(z)|\cdot|\varDelta z| \leq \sum A|\varDelta z| = A\sum |\varDelta z|$

これから (5) が導かれる．

定理13によって，

　　　　正則関数は何回でも微分できる

ということがわかる．つまり，複素数 z の関数 $f(z)$ では，

　　　$f'(z)$ が存在すれば，$f^{(n)}(z)$ $(n=1,2,3,\cdots\cdots)$ が存在する

のであって，しかも，これが積分で表わされるわけである．

Q. $f(z)$ が1回微分できるという仮定から何回でも微分できることになったり，導関数が積分で表わせたり，随分面白いことですね．複素変数にした効果がだんだんとわかってきました．もっと先があるのでしょうか．

A. まだほんの入り口です．これから，ますます眼界が拡がります．

また，定理6 (135ページ) において，$F(z)$ の正則性から $F'(z)=f(z)$ の正則性が導かれるので，コーシーの積分定理の逆が，次の形で成り立つことになる．

定理14 任意の閉曲線 C について，$\int_C f(z)dz = 0$ であれば，$f(z)$ は正則である．(モレラ Morera の定理)

定理14の応用として，次の鏡像の原理を示しておこう．

例題1 領域 D は実軸について対称とし，その

　　　$Im(z) > 0$ の部分を D_1，　　$Im(z) < 0$ の部分を D_2

とするとき，D において定義された関数 $f(z)$ が次の性質をもてば，$f(z)$ は D で正則である．

　　(1) $f(z)$ は D で連続　　(2) $f(z)$ は D_1 で正則　　(3) $f(\bar{z}) = \overline{f(z)}$

証明 D_1 内の閉曲線 C では，

$$\int_C f(z)dz = 0 \tag{1}$$

D_2 内の閉曲線 C については，その実軸についての対称 $\bar{C}$ を考え，$z = \bar{\zeta}$ とおくと，

$$\int_C f(z)dz = \int_{\bar{C}} f(\bar{\zeta})d\bar{\zeta} = \overline{\int_{\bar{C}} f(\zeta)d\zeta} = 0$$

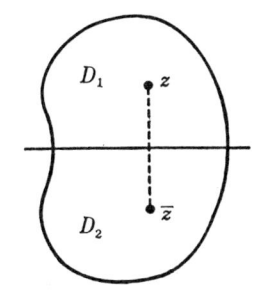

また，D_1, D_2 の両方にまたがる線 C については，これを実軸で切り，実軸上の線分を加えて，C を D_1 内の領域の周 C_1 と，D_2 内の領域の周 C_2 に分けて考えると，

$$\int_C = \int_{C_1} + \int_{C_2} = 0$$

したがって (1) が D 内のすべての線について成り立つことになって $f(z)$ は D 内で正則になる．　(証明終)

この定理は，D_1 とその境界になっている実軸の部分 C_0 を考えるとき，

$D_1 \cup C_0$ で連続，　　D_1 は正則，　　C_0 で実数値をとる

という関数 $f(z)$ を，正則性を保って D_1 を実軸について対称な領域へ拡げる方法を示している．

一般に，ある領域で定義された正則関数を，正則性を失わないようにしてもっと広い領域へひろげていくことを**解析接続**という．

定理13の応用として，次のこと (リューヴィル Liouville の定理) を示そう．

例題 2　$f(z)$ が全平面で有界かつ正則ならば，$f(z)$ は定数である．

証明　有界という性質から，$|f(z)| < M$　　(M は定数)

任意の点 a を考え，これを中心とする半径 R の円周 C で考えると，$z = a + Re^{i\theta}$ だから定理13によって，

$$f'(a) = \frac{1}{2\pi i} \int_C \frac{f(z)}{(z-a)^2} dz = \frac{1}{2\pi i} \int_0^{2\pi} \frac{f(z)}{R^2 e^{i2\theta}} Re^{i\theta} i d\theta$$

$$= \frac{1}{2\pi R} \int_0^{2\pi} f(z) e^{-i\theta} d\theta$$

したがって，　　$|f'(a)| \leq \dfrac{1}{2\pi R} \int_0^{2\pi} |f(z)| d\theta \leq \dfrac{1}{2\pi R} \int_0^{2\pi} M d\theta$

となって，　　　　　　　　$|f'(a)| \leq \dfrac{M}{R}$

$R \to \infty$ として考えると，　$f'(a) = 0$

a は任意だから $f'(z) = 0$ となり，$f(z)$ は定数．(終)

この証明の考えによると，もっと一般に，

$$|f^{(n)}(a)| \leqq \frac{n!M}{R^n}$$

このように，何回か微分したものの絶対値の限度がわかる．

Q. 結局，$f^{(n)}(a)$ が積分で表わされるというところに，重点があるのですね．

A. そうです．一般にある関数を積分したものの大きさの限界というのは，わかりやすいが，微分したものの大きさというのは，わかりにくい．ところが，複素変数の微積分では，微分することが積分で表わせるので，微分係数の大きさの程度（評価）がわかるのです．

§7. 零点と極

関数 $f(z)$ が $z = a$ の近くで正則で，

$$f(z) = (z-a)^n g(z) \quad (n\text{は自然数}, \ g(z)\text{は正則}, \ g(a) \neq 0)$$

のとき，$z = a$ は $f(z)$ の n 位の零点 (zero point) であるという．正則関数の零点がこのようなものに限ることは，あとから述べる166ページ定理6による．領域の中に，零点がいくつあるかということは，次のように1つの積分で表わせる．ここで，いくつかの零点の位数の和を，零点の個数ということにする．

定理15 領域 D で正則な関数 $f(z)$ があって，D の中で正の向きに1周する閉曲線 C の内部にある零点の個数を N とすると，

$$N = \frac{1}{2\pi i} \int_C \frac{f'(z)}{f(z)} dz \qquad (1)$$

証明 零点を $a_1, a_2, \cdots, a_k$ とし，これらの点を中心として十分小さな半径の円周 $C_1, C_2, \cdots, C_k$（まわり向きはすべて正）を作る．そして，

$$\varphi(z) = \frac{f'(z)}{f(z)}$$

とおくと，C の内部からこれらの k 個の小円の内部を除いたところでは $\varphi(z)$

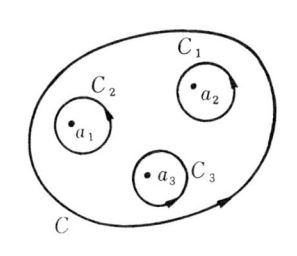

は正則だから，

$$\int_C \varphi(z)dz = \sum_{j=1}^{k} \int_{C_j} \varphi(z)dz \tag{2}$$

そこで，C_j の内部で考えると，$z=a_j$ を n_j 位の零点として，

$$f(z) = (z-a_j)^{n_j} g(z) \quad (g_j(z) \text{は正則，} g_j(a_j) \neq 0)$$

ここで，添数 j をとって考えると，$f(z) = (z-a)^n g(z)$

$$f'(z) = ((z-a)^n)' g(z) + (z-a)^n g'(z)$$

となって，

$$\varphi(z) = \frac{n}{z-a} + \frac{g'(z)}{g(z)}$$

$g(z)$ は正則，$g(a) \neq 0$ だから，

$$\int \varphi(z)dz = \int \frac{n}{z-a}dz + \int \frac{g'(z)}{g(z)}dz = 2\pi i n$$

こうして，

$$\int_{C_j} \varphi(z)dz = 2\pi i n_j$$

(2) によって，
$$\int_C \varphi(z)dz = 2\pi i \sum_{j=1}^{k} n_j = 2\pi i N \quad \text{(証明終)}$$

定理15の式 (1) は，次のように書きかえられる．

$f(z) = re^{i\theta}$ とおくと，$\int \varphi(z)dz = \log f(z) = \log r + i\theta$ だから，

$$\int_C \varphi(z)dz = \int_C d(\log r) + i \int_C d\theta = i \int_C d\theta$$

したがって，(1) は次のようにかける．

$$\angle(f(z)) = \theta \text{ とおくと，} \quad N = \frac{1}{2\pi} \int_C d\theta \tag{3}$$

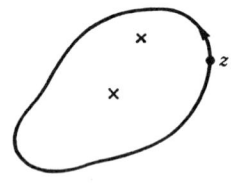

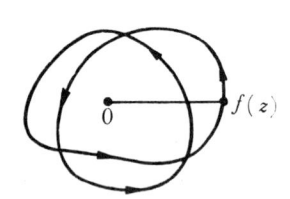

つまり，C内の$f(z)$の零点の個数は，点zがC上を1周するとき，$w=f(z)$が原点のまわりをまわる回数に等しいわけである．

このことから，次の定理が得られる．

定理 16 閉曲線Cで囲まれた領域をDとし，$f(z), g(z)$が$D \cup C$で正則，C上では$|f(z)|>|g(z)|$とするとき，D内では，

$$(f(z) \text{の零点の数}) = (f(z)+g(z) \text{の零点の数}) \tag{4}$$

となっている．(ルーシェ Rouché の定理)

証明
$$f(z)+g(z)=f(z)\left(1+\frac{g(z)}{f(z)}\right)$$

によって，

$$\angle(f(z)+g(z))=\angle(f(z))+\angle\left(1+\frac{g(z)}{f(z)}\right) \tag{5}$$

仮定によると，C上では$\left|\dfrac{g(z)}{f(z)}\right|<1$
したがって，zがC上を一周するとき，$z=0$は$1+\dfrac{g(z)}{f(z)}$のえがく閉曲線の内部にはないことになり，その偏角の変化は，結局において0となる．

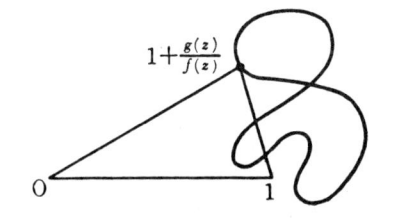

したがって，(3)(5)によって，(4)が証明できたことになる．

この定理を使うと，

zのn次方程式は，n個の複素数根をもつ

ことが次のようにして証明される．

$\varphi(z)$を高々$n-1$次の式とすると，

$$\lim_{z\to\infty}\frac{\varphi(z)}{z^n}=0$$

だから，十分大きい半径の円周を点0を中心としてかくと，その上で

$$|z^n|>|\varphi(z)|$$

したがって，定理16によって，この円の中で

$$(z^n \text{の零点の数}) = (z^n+\varphi(z) \text{の零点の数})$$

となる．左辺の数は n だから，$\varphi(z) = a_1 z^{n-1} + a_2 z^{n-2} + \cdots + a_n$ とおくと，
$$z^n + a_1 z^{n-1} + a_2 z^{n-2} + \cdots + a_n = 0 \text{ の根は } n \text{ 個}$$
ということになる．

全く同じ考えで，次のことを証明することもできる．

$\sum_{k=1}^{n} |a_k| < 1$ のとき，方程式
$$z^n + a_1 z^{n-1} + a_2 z^{n-2} + \cdots + a_{n-1} z + a_n = 0$$
の根の絶対値は 1 より小さい．
($n = 2$ の場合は，32 ページで示した)

極

関数 $f(z)$ が領域 D の中でいくつかの点を除いて正則で，これらの点では正則でないとき，これを特異点 (singular point) という．とくに，
$$f(z) = \frac{g(z)}{(z-a)^n} \quad (n \text{ は自然数，} g(z) \text{ は正則，} g(a) \neq 0) \tag{1}$$
のとき，$z = a$ は $f(z)$ の n 位の極 (pole) であるという．たとえば，
$$\frac{z^3}{(z-1)^2(z+2)} \text{ では，} z = 1 \text{ は 2 位の極，} z = -2 \text{ は 1 位の極である．}$$

閉曲線 C (正の向き) の中で，$f(z)$ が只 1 つの特異点をもち，これが n 位の極であるとすると，(1) と定理 13 によって，
$$\int_C f(z) dz = \int_C \frac{g(z)}{(z-a)^n} dz = \frac{2\pi i}{(n-1)!} g^{(n-1)}(a)$$

(1) によれば，$f(z)(z-a)^n = g(z)$．その両辺を $n-1$ 回微分して $z = a$ とおくと，結局次の結果が得られる．

定理 17 $f(z)$ が閉曲線 C の中で $z = a$ を n 位の極にもつ正則関数のとき，
$$\int_C f(z) dz = \frac{2\pi i}{(n-1)!} \left[\frac{d^{n-1}}{dz^{n-1}} (f(z)(z-a)^n) \right]_{z=a}$$
とくに $n = 1$ のときは，
$$\int_C f(z) dz = 2\pi i \left[f(z)(z-a) \right]_{z=a}$$

つぎに，定理15は次のように拡張される．

定理 18 閉曲線 C 内で $f(z)$ の特異点は極だけとし，その位数の和を P，零点の位数の和を N とすると，

$$\frac{1}{2\pi i}\int_C \frac{f'(z)}{f(z)}dz = N-P$$

証明は，定理16と同じようである．各自やってみるとよい．

§8. 定積分の計算

正則関数 $f(z)$ に関する積分定理

$$\int_C f(z)dz = 0, \quad \int_C \frac{f(z)}{z-a}dz = 2\pi i f(a) \tag{1}$$

を使って，実変数に関するある種の定積分を計算することができる．

例 $I = \int_0^\infty \frac{dx}{x^2+1}$

これは，ふつうの微積分で，

$$I = [\tan^{-1}x]_0^\infty = \tan^{-1}\infty - \tan^{-1}0 = \frac{\pi}{2} \tag{2}$$

と容易に計算できるが，次のようにして計算することも考えられる．

複素数の範囲では，$z^2+1 = (z-i)(z+i)$ だから，

$$f(z) = \frac{1}{z+i} \text{ とおくと，} \quad \frac{1}{z^2+1} = \frac{f(z)}{z-i}$$

そこで，$R > 1$ とし，半円

$$x^2+y^2 \leq R^2, \quad y \geq 0$$

の周上を正の向きに1周する線を C とすると，(1)によって，

$$\int_C \frac{dz}{z^2+1} = \int_C \frac{f(z)}{z-i}dz = 2\pi i f(i)$$

$$= 2\pi i \cdot \frac{1}{2i} = \pi$$

いま，C のうち半円周の部分を C_1 とすると，

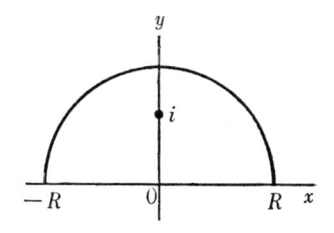

$$\int_{-R}^{R}\frac{dx}{x^2+1}+\int_{C_1}\frac{dz}{z^2+1}=\pi \tag{3}$$

この式で，$R\to\infty$ となった場合を考えてみよう．

C_1 上では，$z=Re^{i\theta}$ とおくと，$dz=Re^{i\theta}id\theta$ で，

$$I_1=\int_{C_1}\frac{dz}{z^2+1}=\int_0^\pi \frac{Re^{i\theta}id\theta}{R^2e^{i2\theta}+1}$$

そして， $\qquad |R^2e^{i2\theta}+1|\geqq |R^2e^{i2\theta}|-1=R^2-1$

だから， $\qquad |I_1|\leqq \int_0^\pi \frac{R}{R^2-1}d\theta=\frac{\pi R}{R^2-1}$

したがって，
$$\lim_{R\to\infty}I_1=\lim_{R\to\infty}\int_{C_1}\frac{dz}{z^2+1}=0 \tag{4}$$

また，
$$\lim_{R\to\infty}\int_{-R}^R\frac{dx}{x^2+1}=\lim_{R\to\infty}2\int_0^R\frac{dx}{x^2+1}=2\int_0^\infty \frac{dx}{x^2+1}=2I$$

したがって，(3) で $R\to\infty$ とすると，$2I=\pi$ となって，$I=\dfrac{\pi}{2}$．

Q. これは，はじめのふつうのやり方(2)にくらべて，随分面倒ですね．

A. それは，この簡単な例で，われわれの方法を説明するのが目的なのです．

上に述べた方法を一般に適用するのには，定理17が基本となる．

まず，ある領域の中でいくつかの点を除いては $f(z)$ が正則であるとき，この例外の点が特異点である．前に述べた極というのは，最も簡単な特異点で，$z=a$ が $f(z)$ の n 位の極であるというのは，

$$f(z)=\frac{g(z)}{(z-a)^n} \quad (g(z)\text{ は正則},\ g(a)\neq 0)$$

ということであった．この場合，

$$R=\frac{1}{(n-1)!}\left[\frac{d^{n-1}}{dz^{n-1}}(f(z)(z-a)^n)\right]_{z=a}$$

とくに，$n=1$ のときは， $\qquad R=[f(z)(z-a)]_{z=a} \tag{5}$

を，$f(z)$ の $z=a$ での**留数** (residue) という．

(5) は，$\lim\limits_{z\to a}(f(z)(z-a))$ のことである．このとき，定理17をもう少し拡張した次の定理が成り立つ．

§8 定積分の計算　153

定理19　$f(z)$ は領域 D でいくつかの点を除いて正則とする．D 内で正の向きに1周する閉曲線 C の中の特異点は，極 $a_1, a_2, \cdots\cdots, a_k$ で，それらの点での留数を $R_1, R_2, \cdots\cdots, R_k$ とするとき，

$$\int_C f(z)dz = 2\pi i \sum_{j=1}^k R_j = 2\pi i(R_1+R_2+\cdots\cdots+R_k)$$

証明　各々の極を中心として十分小さい半径で円をかいて $C_1, C_2, \cdots\cdots, C_k$ とし，定理9と定理17を適用すると，

$$\int_C f(z)dz = \sum_{j=1}^k \int_{C_j} f(z)dz = \sum_{j=1}^k 2\pi i R_j$$

つぎに (4) を証明したのと同じ要領で次のことがいえる．

原点を中心として半径 r の円周（一部分でもよい）を Γ とし，$I = \int_\Gamma f(z)dz$ を考えると，

$$\lim_{r\to 0} rf(z) = 0 \text{ のときは，} \lim_{r\to 0} I = 0$$

$$\lim_{r\to \infty} rf(z) = 0 \text{ のときは，} \lim_{r\to \infty} I = 0$$

証明　$\lim_{r\to 0} rf(z) = 0$ のときは，任意の h に対し，$\varepsilon > 0$ を十分小にとれば，$r < \varepsilon$ である任意の $z = re^{i\theta}$ に対して，$r|f(z)| < h$, したがって，

$$|I| = \left|\int_\Gamma f(z)dz\right| = \left|\int_0^{2\pi} f(z)rie^{i\theta}d\theta\right|$$

$$\leqq \int_0^{2\pi} r|f(z)|d\theta \leqq \int_0^{2\pi} rr^{-1}h d\theta = 2\pi h$$

h はどんなに小さくてもよいから，$\lim_{r\to 0} I = 0$

$r \to \infty$ のときも同様である．

例題1　$I = \int_0^\infty \dfrac{dx}{1+x^4}$

解　$r > 1$ とし，半円 $x^2+y^2 \leqq r^2, y \geqq 0$ を考えると，その中では

$$f(z) = \frac{1}{z^4+1}$$

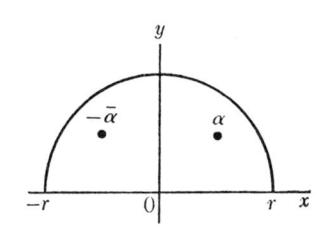

の特異点は -1 の 4 乗根のうちの $e^{i\frac{\pi}{4}}, ie^{i\frac{\pi}{4}}$ である. いま, $\alpha = e^{i\frac{\pi}{4}}$ とおくと, -1 の 4 乗根は, $\alpha, -\bar{\alpha}, -\alpha, \bar{\alpha}$ となって,

$$z^4+1 = (z-\alpha)(z+\bar{\alpha})(z+\alpha)(z-\bar{\alpha})$$

そして,
$$R_1 = \lim_{z \to \alpha}(z-\alpha)f(z) = \frac{1}{(\alpha+\bar{\alpha}) \cdot 2\alpha(\alpha-\bar{\alpha})} \tag{1}$$

$$R_2 = \lim_{z \to -\bar{\alpha}}(z-(-\bar{\alpha}))f(z) = \frac{1}{(-\bar{\alpha}-\alpha)(-\bar{\alpha}+\alpha)(-2\bar{\alpha})} \tag{2}$$

いま, この半円の周を正の向きに 1 周する線を C, その半円周の部分を C_1 とすると,

$$2\int_0^r \frac{dx}{x^4+1} + \int_{C_1} \frac{dz}{z^4+1} = 2\pi i(R_1+R_2) \tag{3}$$

また,
$$\lim_{r \to \infty} rf(z) = \lim_{r \to \infty} \frac{r}{z^4+1} = \lim_{r \to \infty} \frac{r}{r^4 e^{i4\theta}+1} = 0$$

だから, (3) から,
$$I = \int_0^\infty \frac{dx}{x^4+1} = \pi i(R_1+R_2) \tag{4}$$

(1)(2) によって,
$$R_1+R_2 = \frac{1}{2\alpha\bar{\alpha}(\alpha-\bar{\alpha})}$$

$\alpha = e^{i\frac{\pi}{4}}$ だから, $\alpha\bar{\alpha} = 1$, $\alpha-\bar{\alpha} = 2i\sin\frac{\pi}{4} = \sqrt{2}\,i$

したがって, $R_1+R_2 = \dfrac{1}{2\sqrt{2}\,i}$ となり, (4) から,

$$I = \frac{\pi}{2\sqrt{2}}$$

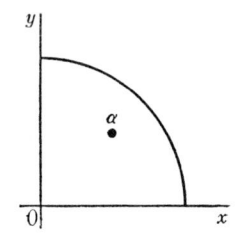

注 右の図に示すような四分円の周に沿っての積分を考え $r \to \infty$ として求めてもよい. この場合は, 虚軸上の積分は,

$$\int_r^0 \frac{i\,dy}{(iy)^4+1} = -i\int_0^r \frac{dy}{y^4+1}$$

である.

例題 2　　$I = \int_0^\infty \dfrac{dx}{(1+x^2)^n}$

解　$r>1$ とし，$x^2+y^2 \leqq r^2, y \geqq 0$ できまる半円の周を正の向きに1周する線を C とする．この中で，

$$f(z) = \dfrac{1}{(1+z^2)^n}$$

の特異点は $z=i$ で，これは n 位の極である．その点での留数は，

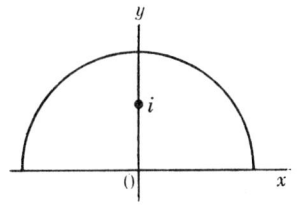

$$R = \dfrac{1}{(n-1)!}\left[\dfrac{d^{n-1}}{dz^{n-1}}\dfrac{(z-i)^n}{(1+z^2)^n}\right]_{z=i} = \dfrac{1}{(n-1)!}\left[\dfrac{d^{n-1}}{dz^{n-1}}(z+i)^{-n}\right]_{z=i}$$

$$= (-1)^{n-1}\dfrac{(2n-2)(2n-3)\cdots n}{(n-1)!}(2i)^{-2n+1} = -i\dfrac{(2n-2)\cdots n}{2^{2n-1}(n-1)!}$$

$$= -i\dfrac{(2n-2)!}{2^{2n-1}((n-1)!)^2}$$

また，$\lim\limits_{r\to\infty} rf(z) = \lim\limits_{r\to\infty}\dfrac{r}{(1+r^2e^{i2\theta})^n} = 0$　だから，$\int_C \dfrac{dz}{(1+z^2)^n} = 2\pi i R$ から，$r\to\infty$ として，　　$2I = 2\pi i R$

$$I = \pi i R = \pi\dfrac{(2n-2)\cdots n}{2^{2n-1}(n-1)!} = \pi\dfrac{(2n-2)!}{2^{2n-1}((n-1)!)^2}$$

これまでは 151 ページ (1) のあとの公式の応用であったが，こんどははじめの式の応用を示そう．

例題 3　　$I = \int_0^\infty \dfrac{\sin x}{x}dx$

解　原点を中心とする2つの半円と，実軸で囲まれた領域

$$\varepsilon^2 \leqq x^2+y^2 \leqq R^2, \quad y > 0$$

を考えて，これを正の向きに1周する線を C として，これに沿って

$$f(z) = \dfrac{e^{iz}}{z}$$

の積分を考える．

このとき，この領域内には $f(z)$ の特異点はないから，

$$\int_C f(z)dz = \int_C \frac{e^{iz}}{z}dz = 0$$

そこで，C を実軸の部分，内部の半円周 C_1^{-1}，外部の半円周 C_2 に分けて考え，

$$I_1 = \int_\varepsilon^R f(x)dx, \ I_2 = \int_{-R}^{-\varepsilon} f(x)dx, \ I_3 = \int_{C_1^{-1}} f(z)dz, \ I_4 = \int_{C_2} f(z)dz$$

とおくと，$\quad\quad\quad\quad I_3 + I_1 + I_4 + I_2 = 0$

したがって，$\quad\quad I_1 + I_2 + I_3 + I_4 = 0 \quad\quad\quad\quad\quad\quad\quad (1)$

I_2 で $x = -u$ とおくと，

$$I_2 = \int_R^\varepsilon f(-u)(-du) = \int_\varepsilon^R f(-u)du = \int_\varepsilon^R f(-x)dx$$

したがって，

$$I_1 + I_2 = \int_\varepsilon^R (f(x) + f(-x))dx = \int_\varepsilon^R \left(\frac{e^{ix}}{x} + \frac{e^{-ix}}{-x}\right)dx$$

$$= \int_\varepsilon^R \frac{e^{ix} - e^{-ix}}{x}dx = \int_\varepsilon^R \frac{2i\sin x}{x}dx$$

となり，$\quad\quad\quad I_1 + I_2 = 2i\int_\varepsilon^R \frac{\sin x}{x}dx \quad\quad\quad\quad\quad (2)$

また，C_1 上では $z = \varepsilon e^{i\theta}$ とおいて，$dz = iz d\theta$ であることから，

$$I_3 = -\int_{C_1} f(z)dz = -\int_0^\pi \frac{e^{iz}}{z}iz d\theta = -i\int_0^\pi e^{iz}d\theta$$

$z \to 0$ のとき $e^{iz} \to e^0 = 1$ だから，与えられた正数 h に対し，ε を十分小にとれば，$|e^{iz} - 1| < h$ となり，

$$\left|\int_0^\pi e^{iz}d\theta - \pi\right| = \left|\int_0^\pi (e^{iz} - 1)d\theta\right| \leq \int_0^\pi |e^{iz} - 1|d\theta \leq \int_0^\pi h d\theta = \pi h$$

h はいくらでも小さくとれるから，$\int_0^\pi e^{iz}d\theta \to \pi$ となり，

$$\lim_{\varepsilon \to 0} I_3 = -i\pi \quad\quad\quad\quad\quad\quad (3)$$

また，C_2 では，$z = Re^{i\theta}$ とおいて，

§8 定積分の計算 157

$$I_4 = \int_{C_2} f(z)dz = i\int_0^\pi e^{iz}d\theta$$

ここで， $|e^{iz}| = |e^{i(R\cos\theta + iR\sin\theta)}| = |e^{-R\sin\theta}e^{iR\cos\theta}| = e^{-R\sin\theta}$

だから， $|I_4| = \left|\int_0^\pi e^{iz}d\theta\right| \leqq \int_0^\pi |e^{iz}|d\theta = \int_0^\pi e^{-R\sin\theta}d\theta = 2\int_0^{\frac{\pi}{2}} e^{-R\sin\theta}d\theta$

$0 < \theta < \dfrac{\pi}{2}$ のときは，

$$\sin\theta > \frac{2}{\pi}\theta$$

だから，

$$\int_0^{\frac{\pi}{2}} e^{-R\sin\theta}d\theta \leqq \int_0^{\frac{\pi}{2}} e^{-R\frac{2}{\pi}\theta}d\theta = \left[-\frac{\pi}{2R}e^{-R\frac{2}{\pi}\theta}\right]_0^{\frac{\pi}{2}}$$
$$= \frac{\pi}{2R}(1-e^{-R})$$

$R \to \infty$ のとき，この右辺は 0 に収束するから，

$$\lim_{R\to\infty} I_4 = 0 \tag{4}$$

(1)(2)(3)(4)によって，$\varepsilon \to 0$, $R \to \infty$ のとき

$$2i\int_0^\infty \frac{\sin x}{x}dx - i\pi = 0,$$

ゆえに $\quad\displaystyle\int_0^\infty \frac{\sin x}{x}dx = \frac{\pi}{2}$

例題 4 $\quad I = \displaystyle\int_0^\infty \frac{x^{a-1}}{1+x}dx \quad (0 < a < 1)$

解 いま， $f(z) = \dfrac{z^{a-1}}{1+z}$

を考えるのであるが，z^{a-1} は多価関数であるから，

$$0 \leqq \angle(z) < 2\pi$$

の部分に限って考えると，$z = re^{i\theta}$ として，

$$z^{a-1} = e^{(a-1)\log z} = e^{(a-1)(\log r + i\theta)} = r^{a-1}e^{i(a-1)\theta} \tag{1}$$

は 1 価である．

そこで，いま，$\varepsilon > 0, R > 1$ として $\varepsilon < |z| < R$ なる領域を考え，これを実

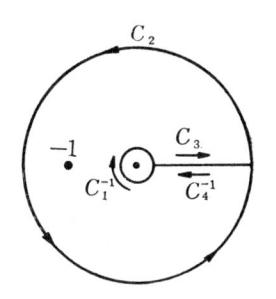

軸の正の部分で切った領域 D を作る．この中で，$f(z)$ の特異点は -1 で，これは 1 位の極である．そこでの留数は，

$$\lim_{z \to -1}(z+1)f(z) = (-1)^{a-1} = e^{(a-1)\log(-1)}$$
$$= e^{(a-1)i\pi} = -e^{ia\pi}$$

したがって，D の周 C に沿っての積分は，

$$\int_C f(z)dz = -2\pi i e^{ia\pi} \tag{2}$$

また，C は次の 4 つの部分に分れる．(C_1, C_2 は正の向き)

$C_1 : |z| = \varepsilon \quad C_2 : |z| = R$
$C_3 : \varepsilon \leqq z \leqq R \quad (\angle(z) = 0)$
$C_4 : \varepsilon \leqq z \leqq R \quad (\angle(z) = 2\pi)$

そして，

$$\int_C = \int_{C_3} + \int_{C_2} - \int_{C_4} - \int_{C_1} \tag{3}$$

C_4 の上では，$r = x$ として (1) より，

$$z^{a-1} = x^{a-1}e^{i(a-1)2\pi} = x^{a-1}e^{2ia\pi}$$

したがって，

$$\int_{C_3} - \int_{C_4} = \int_\varepsilon^R \frac{x^{a-1}}{1+x}dx - \int_\varepsilon^R \frac{x^{a-1}e^{2ia\pi}}{1+x}dx$$
$$= (1 - e^{2ia\pi})\int_\varepsilon^R \frac{x^{a-1}}{1+x}dx \tag{4}$$

$|z| = \varepsilon$ では，$z = \varepsilon e^{i\theta}$ とおいて，

$$\lim_{\varepsilon \to 0} \varepsilon f(z) = \lim_{\varepsilon \to 0} \varepsilon \frac{\varepsilon^{a-1}e^{i(a-1)}}{1+\varepsilon e^{i\theta}} = 0 \quad (a > 0 \text{ による})$$

$|z| = R$ では，$z = Re^{i\theta}$ とおいて，

$$\lim_{R \to \infty} Rf(z) = \lim_{R \to \infty} R\frac{R^{a-1}e^{i(a-1)}}{1+Re^{i\theta}} = 0 \quad (a < 1 \text{による})$$

そこで，$\varepsilon \to 0, R \to \infty$ とすれば，(2)(3)(4) と上のことにより，

$$(1 - e^{2ia\pi})\int_0^\infty \frac{x^{a-1}}{1+x}dx = -2\pi i e^{ia\pi}$$

ゆえに，
$$\int_0^\infty \frac{x^{a-1}}{1+x}dx = \frac{-2\pi i e^{ia\pi}}{1-e^{2ia\pi}} = \frac{\pi \cdot 2i}{e^{ia\pi}-e^{-ia\pi}}$$

したがって，
$$\int_0^\infty \frac{x^{a-1}}{1+x}dx = \frac{\pi}{\sin a\pi}$$

問題 7 (答は p.200)

1. 次の関数の極はどこか．また，その位数をいえ．

(1) $\dfrac{z}{z^2+1}$ (2) $\dfrac{1}{(z^3+1)^2}$ (3) $\dfrac{e^z}{1-z}$

2. 次の積分の値を求めよ．

(1) $\displaystyle\int_{|z|=1} \frac{e^z}{z}dz$ (2) $\displaystyle\int_{|z|=2} \frac{dz}{z^2-1}$

3. 次の積分の値を求めよ．($a>0, 4ac>b^2$ とする)

(1) $\displaystyle\int_{-\infty}^\infty \frac{dx}{ax^2+bx+c}$ (2) $\displaystyle\int_0^\infty \frac{dx}{ax^4+bx^2+c}$ (3) $\displaystyle\int_0^\infty \frac{dx}{(x^4+1)^2}$

4. $f(z) = \dfrac{e^{iz}}{z^2+1}$ を半円 $|z| \leq R, Im(z) > 0$ の周に沿って積分し，$R \to \infty$ とすることによって，次の積分の値を求めよ．
$$I = \int_0^\infty \frac{\cos x}{x^2+1}dx$$

5. $\displaystyle\int_0^\infty e^{-x^2}dx = \dfrac{\sqrt{\pi}}{2}$ であることを用い，e^{-z^2} を右のような道に沿って積分して $R \to \infty$ とすることによって，次の式を導け． 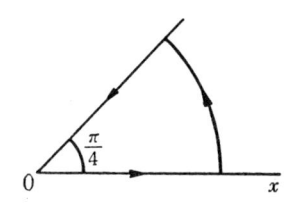
$$\int_0^\infty \cos x^2\,dx = \int_0^\infty \sin x^2\,dx = \frac{1}{2}\sqrt{\frac{\pi}{2}}$$

6. e^{-z^2} を右のような道に沿って積分し，$a \to \infty$ とすることによって， 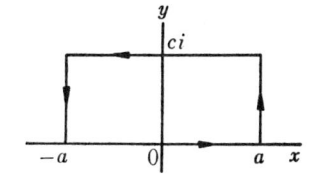
$$\int_0^\infty e^{-x^2}\cos 2cx\,dx = \frac{\sqrt{\pi}}{2}e^{-c^2}$$
を導け．(c は実数)

7. $f(z)$ がある領域で正則とし，その中で閉曲線 C で囲まれた領域を D とするとき，次のことを証明せよ．
   (1) $|f(z)|$ が D の内部で最大値をとれば，$f(z)$ は定数である．
   (2) C 上に，$D \cup C$ での $|f(z)|$ の最大値をとる点がある．
8. $z = a$ を中心とする半径 r の円周を C とするとき，円 C とその内部で正則な関数 $f(z)$ について，C 上で $|f(z)| \leq M$ ならば，
$$|f^{(n)}(a)| \leq \frac{Mn!}{r^n}$$
であることを証明せよ．
9. 全平面で正則な関数 $f(z)$ があって，$|z| > R$ (定数) のときつねに $|f(z)| < |z|^n$ (n は整数) であれば，$f(z)$ は有理整関数である．これを証明せよ．

第8章　正則関数の級数展開

変数が複素数の関数 $f(z)$ では，正則（$f'(z)$ が存在する）ならば，何回でも微分できることは，前の節で述べたが，実は，
$$f(z) = a + a_1 z + a_2 z^2 + \cdots\cdots + a_n z^n + \cdots\cdots$$
のように，無限整級数に展開できるのである．ここでは，このようなことを述べていく．

§1. 複素無限級数

複素数を項にもつ無限級数の理論は，実数の場合と大体同じように進められる．次にその要点を示していくが，ふつうの微積分の本にある実数の場合のことを，つねに参照していくのがよい．

収束　複素数 z_n を項にもつ無限級数
$$\sum z_n = \sum_{n=1}^{\infty} z_n = z_1 + z_2 + \cdots\cdots + z_n + \cdots\cdots \tag{1}$$
が収束して，和が S であるというのは，
$$s_n = \sum_{k=1}^{n} z_k = z_1 + z_2 + \cdots\cdots + z_n$$
とおいてできる数列 $s_1, s_2, \cdots\cdots, s_n, \cdots\cdots$ が S に収束すること，つまり，
$$\lim_{n \to \infty} s_n = S \tag{2}$$
となることである．極限の定義によると，(2)は，

　　任意の正数 ε に対して，正数 N が存在して，

　　　$n > N$ であるすべての n について，$|s_n - S| < \varepsilon$ となる

ということである.

いま, $z_n = x_n + y_n i$, $S = A + Bi$ (x_n, y_n, A, B は実数) とおくと, 前ページ (2) の収束は,

$$\sum x_n = \sum_{n=1}^{\infty} x_n = A, \quad \sum y_n = \sum_{n=1}^{\infty} y_n = B$$

と, 実数を項とする級数の収束に帰着する.

また, 等比級数については, 複素数の場合にも同じようで,

$$|z|<1 \text{ のとき}, \quad 1+z+z^2+\cdots+z^n+\cdots = \frac{1}{1-z}$$

さらに, $\quad \sum(z_n+w_n) = \sum z_n + \sum w_n, \quad \sum \alpha z_n = \alpha \sum z_n.$

絶対収束 まず,

定理1 $\sum |z_n|$ が収束すれば, $\sum z_n$ も収束する.

証明 $z_n = x_n + y_n i$ (x_n, y_n は実数) とおくと, 仮定により, $\sum \sqrt{x_n^2 + y_n^2}$ が収束する. ところが,

$$\sqrt{x_n^2 + y_n^2} \geqq |x_n|, \quad \sqrt{x_n^2 + y_n^2} \geqq |y_n|$$

であるから, $\sum |x_n|$, $\sum |y_n|$ は収束し, 実数を項とする場合の

$\sum |a_n|$ が収束すれば, $\sum a_n$ も収束する (絶対収束)

ということから $\sum x_n$, $\sum y_n$ の収束が導かれて, 証明がすむ.

定理1をもとにして, 複素数の場合にも, 次の定義をする.

$\sum |z_n|$ が収束するとき, $\sum z_n$ は絶対収束であるという.

このことの逆の成り立たないことは, 実数の場合の反例 $\sum (-1)^{n-1} \frac{1}{n}$ の示すとおりである.

一様収束 複素変数 z の関数の列 $f_1(z), f_2(z), \cdots, f_n(z), \cdots$ が領域 D で $f(z)$ に一様収束するというのは,

任意の $\varepsilon > 0$ に対して, 正数 N が z に無関係に存在して,

$n > N$ である任意の n に対して, $|f_n(z) - f(z)| < \varepsilon$

となることである. このとき, 次のことは, 実質的には2変数の実変数の関数

の場合のことである.

定理2 $f_n(z)$ $(n=1,2,3,\cdots\cdots)$ が連続で, $f(z)$ に一様収束するとき,

(1) $f(z)$ は連続である.

(2) $\lim_{n\to\infty}\int_C f_n(z)\,dz = \int_C f(z)\,dz$

また, 正則関数の場合には, 次のことが成り立つ.

定理3 $f_n(z)$ $(n=1,2,3,\cdots\cdots)$ が正則で, $f(z)$ に一様収束するとき, $f(z)$ は正則である.

証明 C が任意の区分的に C^1 級の閉曲線のとき,

$$\int_C f_n(z)dz = 0 \quad (n=1,2,3,\cdots\cdots)$$

であることから, 定理2によって, $\int_C f(z)dz = 0$

C は任意の閉曲線であるから, 145ページ定理14によって $f(z)$ は正則である.

整級数 これについては, 変数が実数の場合と全く同じようである.

定理4 $\sum a_n z^n = \sum_{n=0}^{\infty} a_n z^n = a_0 + a_1 z + a_2 z^2 + \cdots\cdots + a_n z^n + \cdots\cdots$ について, $\sum a_n c^n$ $(c \neq 0)$ が収束であれば,

(1) $|z| < |c|$ である z に対して, $\sum a_n z^n$ は絶対収束である.

(2) $0 < k < |c|$ である任意の k に対して, $|z| \leq k$ の範囲で, $\sum a_n z^n$ は一様収束である.

定理4によって, $\sum a_n z^n$ が収束するような z の値については

(1) $|z|$ の上の限界がある. (上限)

(2) 制限がない.

のどちらかで, (1) の場合, 限界内ではつねに絶対収束である. この $|z|$ の上限を $\sum a_n z^n$ の収束半径という. (2) の場合は, これが ∞ と考える. 収束する範囲の円を収束円という.

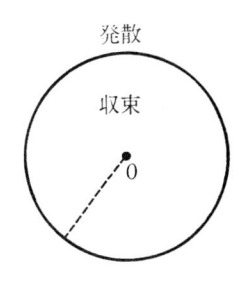

整級数 $f(z) = \sum_{n=0}^{\infty} a_n z^n$ の収束半径を r とすると,

$$a_n \neq 0 \text{のとき}, \quad r = \lim_{n \to \infty} \frac{|a_n|}{|a_{n+1}|}, \quad \text{一般には } r = \frac{1}{\overline{\lim}^n \sqrt{|a_n|}}$$

また, $\quad f_n(z) = \sum_{k=0}^{n} a_k z^k = a_0 + a_1 z + \cdots\cdots + a_n z^n$

は正則関数であることから, 定理3と定理4によって,

定理5 $f(z) = \sum a_n z^n = a_0 + a_1 z + \cdots\cdots + a_n z^n + \cdots\cdots$ は収束円の内部では正則である.

また, このとき,

$$f'(z) = a_1 + 2a_2 z + \cdots\cdots + n a_n z^{n-1} + \cdots\cdots$$
$$f''(z) = 2a_2 + 6a_3 z + \cdots\cdots + (n-1)n a_n z^{n-2} + \cdots\cdots$$
$$\cdots\cdots\cdots\cdots\cdots\cdots\cdots$$

このようにして, $a_1 = f'(0), \quad a_2 = \frac{1}{2} f''(0)\cdots\cdots, \quad a_n = \frac{1}{n!} f^{(n)}(0), \cdots\cdots$ となって,

$$f(z) = f(0) + f'(0)z + \frac{1}{2!} f''(0)z^2 + \cdots\cdots + \frac{1}{n!} f^{(n)}(0)z^n + \cdots\cdots \quad (3)$$

そこで, これから主題としようというのは,

> 正則関数は, 整級数に展開できる

ということである. これは,

> 複素変数の関数では, 無限回微分できるというだけでなくて, 整級数に展開できる

ということである.

Q. 一度微分できるということから, こんな深いことが出てくるのですね. 実変数の場合には, こんなことはいえないのでしたね.

A. そうです. たとえば,

$$f(x) = \begin{cases} e^{-\frac{1}{x}} & (x > 0) \\ 0 & (x \leq 0) \end{cases} \quad (4)$$

で定義される関数 $f(x)$ では,

§1 複素無限級数　165

無限回微分可能（C∞級）であるが，整級数には展開されない (C^ω級でない) ことが，次のように示される．

それは，

$$f^{(n)}(x) = \begin{cases} e^{-\frac{1}{x}} P_n\left(\frac{1}{x}\right) & (P_n(t) \text{ は } t \text{ の整式})\ (x>0) \\ 0 & (x \leq 0) \end{cases} \quad (5)$$

による．これがわかれば，$f(x)$ は C∞ 級であり，

$$f^{(n)}(0) = 0 \quad (6)$$

だから，$f(z)$ が整級数 (3) に展開されるとすれば，(6) によって，

$$f(x) = 0$$

これは，(4) に矛盾する．

そこで (5) を n についての数学的帰納法で証明しよう．

$n=0$ のときは明らかである．

$n=k$ のとき正しいとすると，$x>0$ では，

$$f^{(k)}(x) = e^{-\frac{1}{x}} P_k\left(\frac{1}{x}\right)$$

だから，
$$f^{(k+1)}(x) = \frac{d}{dx}\left(e^{-\frac{1}{x}} P_k\left(\frac{1}{x}\right)\right)$$
$$= e^{-\frac{1}{x}} \frac{1}{x^2} P_k\left(\frac{1}{x}\right) + e^{-\frac{1}{x}} P_k'\left(\frac{1}{x}\right)\left(-\frac{1}{x^2}\right)$$
$$= e^{-\frac{1}{x}} \frac{1}{x^2} \left(P_k\left(\frac{1}{x}\right) - P_k'\left(\frac{1}{x}\right)\right)$$

$P_{k+1}(t) = t^2(P_k(t) - P_k'(t))$ とおくと，　$f^{(k+1)}(x) = e^{-\frac{1}{x}} P_{k+1}\left(\frac{1}{x}\right)$

$x<0$ のときは明らかに，　$f^{(k+1)}(x) = 0$

$x=0$ のときは，

$$\lim_{x \to +0} \frac{f^{(k)}(x) - f^{(k)}(0)}{x} = \lim_{x \to +0} \frac{e^{-\frac{1}{x}} P_k\left(\frac{1}{x}\right)}{x} = \lim_{t \to +\infty} \frac{t P_k(t)}{e^t} = 0$$

$$\lim_{x \to +0} \frac{f^{(k)}(x) - f^{(k)}(0)}{x} = \lim_{x \to -0} \frac{0}{x} = 0$$

したがって，　$f^{(k+1)}(0) = 0$

§2. 正則関数の整級数展開

前節で述べたことを証明しよう．それは，次の定理である．

定理6 $f(z)$ が領域 D で正則のとき，その中の任意の点 a の十分近くでは，$f(z)$ は，

$$f(z) = c_0 + c_1(z-a) + \cdots\cdots + c_n(z-a)^n + \cdots\cdots \tag{1}$$

と展開される．

このとき， $$c_n = \frac{1}{n!} f^{(n)}(a) = \frac{1}{2\pi i} \int_C \frac{f(t)}{(t-a)^{n+1}} dt \tag{2}$$

（C は a を正の向きに1周する閉曲線）

証明 点 a を正の向きに1周する閉曲線を C，その中で点 a を中心とする円を考え，その中の点を z とすると，コーシーの積分公式によって，

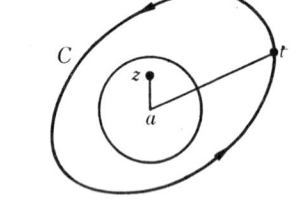

$$f(z) = \frac{1}{2\pi i} \int_C \frac{f(t)}{t-z} dt$$

いま， $$t - z = t - a - (z-a) = (t-a)\left(1 - \frac{z-a}{t-a}\right)$$

また， $\left|\dfrac{z-a}{t-a}\right| = \dfrac{|z-a|}{|t-a|} < 1$ であることから，

$$\frac{1}{t-z} = \frac{1}{t-a}\left(1 - \frac{z-a}{t-a}\right)^{-1} = \frac{1}{t-a} \sum_{n=0}^{\infty} \left(\frac{z-a}{t-a}\right)^n \tag{3}$$

$0 < k < 1$ である k をきめて，

$$|z-a| < k|t-a|$$

となる z の範囲で考えると，(3) は一様収束であることから，

$$\frac{1}{2\pi i} \int_C \frac{f(t)}{t-z} dt = \frac{1}{2\pi i} \int_C \sum_{n=0}^{\infty} (z-a)^n \frac{f(t)}{(t-a)^{n+1}} dt$$

$$= \sum_{n=0}^{\infty} (z-a)^n \frac{1}{2\pi i} \int_C \frac{f(t)}{(t-a)^{n+1}} dt$$

したがって，
$$c_n = \frac{1}{2\pi i}\int_C \frac{f(t)}{(t-a)^{n+1}}dt \tag{4}$$
とおけば，
$$f(z) = \sum_{n=0}^{\infty} c_n(z-a)^n$$
そして，$c_n = \frac{1}{n!}f^{(n)}(a)$ であることは 164 ページ (3) で示したのと同様である．

注 142 ページ定理 13 によっても，(4) から $c_n = \frac{1}{n!}f^{(n)}(a)$ であることはわかる．

例 1 $f(z) = e^z$ では，$f^{(n)}(z) = e^z$ だから $f^{(n)}(0) = 1$ で，(1)(2) によって，
$$e^z = 1 + z + \frac{1}{2!}z^2 + \frac{1}{3!}z^3 + \cdots\cdots + \frac{1}{n!}z^n + \cdots\cdots$$
この式は，前にも述べた．収束半径は ∞ である．

また，$\cos z = \frac{1}{2}(e^{iz} + e^{-iz})$, $\sin z = \frac{1}{2i}(e^{iz} - e^{-iz})$ であることから，
$$\cos z = 1 - \frac{1}{2!}z^2 + \frac{1}{4!}z^4 - \cdots\cdots$$
$$\sin z = z - \frac{1}{3!}z^3 + \frac{1}{5!}z^5 - \cdots\cdots$$

例 2
$$\frac{1}{1+z} = 1 - z + z^2 - \cdots\cdots + (-1)^{n-1}z^{n-1} + \cdots\cdots \quad (|z|<1)$$
を 0 から t ($|t|<1$) まで積分して，
$$\int_0^t \frac{dz}{1+z} = t - \frac{1}{2}t^2 + \frac{1}{3}t^3 - \cdots\cdots$$
ここで，$\int_0^t \frac{dz}{1+z} = \log(1+t)$ は，積分の道が $|z|<1$ の範囲であるから，主値 $\mathrm{Log}(1+t)$ である．$\left(-\frac{\pi}{2} < \angle(1+t) < \frac{\pi}{2}\right)$

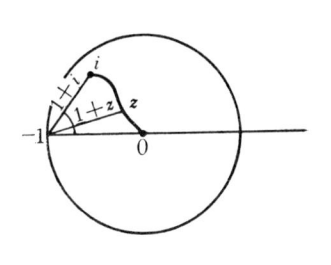

上の結果を，t を z とおいて表わせば，
$$\mathrm{Log}(1+z) = z - \frac{1}{2}z^2 + \frac{1}{3}z^3 - \cdots\cdots + (-1)^{n-1}\frac{1}{n}z^n + \cdots\cdots$$
この式は $|z|<1$ では成り立つのであるが，
$$|z|=1 \quad (z \neq -1), \quad つまり \quad z = e^{i\theta} \quad (\theta \neq (2n+1)\pi, n \text{ 整数})$$
のときにも正しいことがわかっている．

孤立特異点の近傍での展開

これまでは，正則な点での整級数展開を考えたが，今度は，$z=a$ が特異点で，その近くには1つも特異点のない場合，$z=a$ のまわりで級数に展開することについて考えよう．この $z=a$ を孤立特異点という．

たとえば，$f(z)=e^{\frac{1}{z}}$ では，$z=0$ は孤立特異点で，$z=0$ のまわりでは，

$$e^{\frac{1}{z}}=1+\frac{1}{z}+\frac{1}{2!}\frac{1}{z^2}+\cdots\cdots+\frac{1}{n!}\frac{1}{z^n}+\cdots\cdots$$

と $\frac{1}{z}$ の無限級数に展開される．

一般に，次の定理が成り立つ．

定理7 関数 $f(z)$ が領域 D 内で $z=a$ を除いて正則とするとき，この孤立特異点 $z=a$ の近傍では，$f(z)$ は次のような級数に展開される．

$$f(z)=\sum_{n=-\infty}^{\infty}c_n(z-a)^n \tag{1}$$

ここに，C は $z=a$ のまわりを正の向きに1周する線として，

$$c_n=\frac{1}{2\pi i}\int_C\frac{f(z)}{(z-a)^{n+1}}dz \quad (n=\cdots\cdots,-2,-1,0,1,2,\cdots\cdots) \tag{2}$$

(1)は，詳しくかけば

$$\cdots\cdots+\frac{c_{-n}}{(z-a)^n}+\cdots\cdots+\frac{c_{-1}}{z-a}+c_0+c_1(z-a)+\cdots\cdots+c_n(z-a)^n+\cdots\cdots$$

証明 $z=a$ を中心として領域 D 内に同心円周 C_1, C_2 (C_1 が外側) をかいて，この2つの円周の間の領域 D_0 を考えると，D_0 では $f(z)$ は正則である．いま，D_0 の中へ点 z をとり，これを中心として D_0 内にかいた円周を Γ とする．C_1, C_2, Γ はすべて正のまわり向きにとって，D_0 から Γ の内部を除いた領域では，

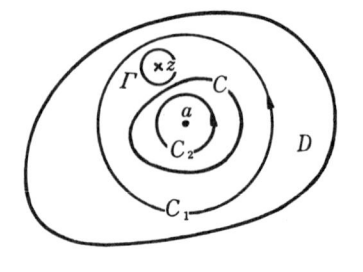

$$\varphi(t)=\frac{f(t)}{t-z} \tag{3}$$

§2 正則関数の整級数展開　169

が正則であることを用いると,

$$\int_{C_1}\varphi(t)dt+\int_{C_2^{-1}}\varphi(t)dt+\int_{\Gamma^{-1}}\varphi(t)dt=0$$

したがって,　　　$\int_\Gamma \varphi(t)dt = \int_{C_1}\varphi(t)dt - \int_{C_2}\varphi(t)dt$

(3) によって　　　$\int_\Gamma \varphi(t)dt = 2\pi i f(z)$

だから,　　　$f(z) = \dfrac{1}{2\pi i}\int_{C_1}\dfrac{f(t)}{t-z}dt - \dfrac{1}{2\pi i}\int_{C_2}\dfrac{f(t)}{t-z}dt$ (4)

右辺の第1項については, 定理6の場合と全く同じで,

$$\dfrac{1}{2\pi i}\int_{C_1}\dfrac{f(t)}{t-z}dt = \sum_{n=0}^\infty c_n(z-a)^n \tag{5}$$

ここに,　　　$c_n = \dfrac{1}{2\pi i}\int_{C_1}\dfrac{f(t)}{(t-a)^{n+1}}dt$ (6)

また, (4) の右辺の第2項は, 次のようになる.

C_2 の上の点 t については, $\left|\dfrac{t-a}{z-a}\right| < 1$ だから,

$$\dfrac{1}{t-z} = \dfrac{1}{(t-a)-(z-a)} = \dfrac{-1}{z-a}\left(1 + \dfrac{t-a}{z-a} + \left(\dfrac{t-a}{z-a}\right)^2 + \cdots\cdots\right)$$

これは C_2 の上の t について一様収束だから,

$$-\int_{C_2}\dfrac{f(t)}{t-z}dt = \sum_{n=1}^\infty \int_{C_2} f(t)\dfrac{(t-a)^{n-1}}{(z-a)^n}dt$$

そこで,　　　$c_{-n} = \dfrac{1}{2\pi i}\int_{C_2} f(t)(t-a)^{n-1}dt$ (7)

とおくと,　　　$-\int_{C_2}\dfrac{f(t)}{t-z}dt = \sum_{n=1}^\infty c_{-n}(z-a)^{-n}$ (8)

(4) (5) (8) から,　　　$f(z) = \sum_{n=-\infty}^\infty c_n(z-a)^n$

また, (6) (7) の右辺の積分は, C_1, C_2 を C_1 にふくまれ C_2 をかこむ1まわりの曲線 C で置きかえても値は変わらない. これで証明がすむ.

定理7の展開式(1)をローラン展開 (Laurent expansion) という．この式で $z-a$ の負のべきの項は有限個のとき，つまり

$$f(z) = \sum_{k=-n}^{\infty} c_k(z-a)^k = \frac{c_{-n}}{(z-a)^n} + \frac{c_{-n-1}}{(z-a)^{n-1}} + \cdots\cdots$$

のとき，$z=a$ は $f(z)$ の n 位の極 (pole) である．

また，$z=a$ が正則点でも極でもないとき，$z=a$ は真性特異点であるという．

例1 $f(z) = \dfrac{1}{z^2-1}$ では $z=1, z=-1$，ともに1位の極である．それは，$z=1$ でいえば，

$$f(z) = \frac{1}{z-1} \cdot \frac{1}{z+1}, \quad \frac{1}{z+1} \text{ は } z=1 \text{ の近くで正則}$$

だからである．$z=1$ のまわりの展開は，

$$\frac{1}{z+1} = (2+(z-1))^{-1} = \frac{1}{2}\left(1+\frac{z-1}{2}\right)^{-1} = \frac{1}{2}\left(1-\frac{z-1}{2}+\left(\frac{z-1}{2}\right)^2-\cdots\cdots\right)$$

となっていることから，

$$f(z) = \frac{1}{2}\frac{1}{z-1} - \frac{1}{4} + \frac{1}{8}(z-1) - \frac{1}{16}(z-1)^2 + \cdots\cdots$$

例2 $e^{\frac{1}{z}} = 1 + \frac{1}{z} + \frac{1}{2!}\left(\frac{1}{z}\right)^2 + \frac{1}{3!}\left(\frac{1}{z}\right)^3 + \cdots\cdots$ (無限)

だから，$z=0$ は $e^{\frac{1}{z}}$ の真性特異点である．

$\sin\dfrac{1}{z}, \cos\dfrac{1}{z}$ についても同様である．

こうして，$z=a$ が孤立特異点のとき，その近傍では，

a が極のときは，$f(z) = \dfrac{c_{-n}}{(z-a)^n} + \dfrac{c_{-n+1}}{(z-a)^{n-1}} + \cdots\cdots + c_0 + c_1(z-a) + \cdots\cdots$

a が真性特異点のときは，$f(z) = \cdots\cdots + \dfrac{c_{-n}}{(z-a)^n} + \dfrac{c_{-n+1}}{(z-a)^{n-1}} + \cdots\cdots$

問題 8   (答は p.201)

1. $z=0$ は，関数 $\dfrac{\sin z}{z}$ の特異点であるか．

2. 次の関数の特異点と，その種類をいえ．

    (1) $\dfrac{z+1}{z^2-z+1}$ (2) $\dfrac{e^z}{e^z-1}$ (3) $\sin\dfrac{1}{z-1}$ (4) $\dfrac{z}{e^{\frac{1}{z}}-1}$

3. 次の関数を $z=0$ でローラン展開をせよ．

    (1) $\dfrac{e^z}{z^n}$ (2) $\cos\dfrac{1}{z}$

4. $f(z)$ が $|z|<1$ で正則，$f(0)=0$ のとき，$f(z)=zg(z)$ となる正則関数 $g(z)$ が存在することを証明せよ．

5. $f(z)$ が $|z|<1$ で正則で $|f(z)|<1$，かつ $f(0)=0$ のとき，
$$|f(z)|\leq |z|$$
であることを証明せよ．

   また，このとき，$|f(a)|=|a|$ $(a\neq 0)$ であれば，
$$f(z)=e^{i\theta}z \quad (\theta \text{ は実数の定数})$$
であることを示せ．

第9章 複素関数論の展望

これまで述べてきたのは,複素変数の関数論のほんの入口のところで,これから先に深く美しい理論が展開されるのである.しかし,これを学んでいくのには,またそれ相応の努力を必要とするし,本書の目的は,そのようなところまでは及んでいない.そうしたことの学習のためには,203ページに挙げた書物を読まれるとよい.

しかし,前章までに述べたことに引続いて,複素関数論がどのような展開をするかを概観しておくことは,無意味なことではあるまい.ここでは,初歩の数学と関連の深い事項を中心として,このような話を進めていこうと思う.(証明は,大部分省略する)

§1. 解析接続

よく知っているように,無限等比級数の和について,

$$|z|<1 のとき,\qquad \frac{1}{1-z}=1+z+z^2+\cdots\cdots$$

である.ところが,左辺の式で表わされる関数

$$f(z)=\frac{1}{1-z} \tag{1}$$

は,$z\neq 1$ である限り意味をもっているのに対し,

$$g(z)=1+z+z^2+\cdots\cdots+z^n+\cdots\cdots \tag{2}$$

は $|z|\geqq 1$ では意味がない.このちがいについて考えていこう.

いま,$|\alpha|<1$ である定数 α をとって,

$$h(z) = \frac{1}{1-\alpha}\left(1+\left(\frac{z-\alpha}{1-\alpha}\right)+\left(\frac{z-\alpha}{1-\alpha}\right)^2+\left(\frac{z-\alpha}{1-\alpha}\right)^3+\cdots\cdots\right)$$

を考えると，$\left|\dfrac{z-\alpha}{1-\alpha}\right|<1$ では $\dfrac{1}{1-z}$ となる．

そして，
$$A = \{z|\ |z|<1\}$$
$$B = \left\{z|\ \left|\frac{z-\alpha}{1-\alpha}\right|<1\right\}$$

とおくと，$g(z)$ と $h(z)$ とは，$A\cap B$ で一致している．そこで，$A\cup B$ で定義された正則関数 $f_1(z)$ で，

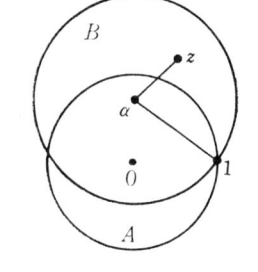

A では $f_1(z) = g(z)$，

B では $f_1(z) = h(z)$

となるものを考えることができる．

つぎに，もう1つの点 β を中心として，$h(z)$ の α を β でおきかえた関数 $k(z)$ を作り，$f_1(z)$ に $k(z)$ を合せた正則関数 $f_2(z)$ を，$f_1(z)$ と同じような方法で作っていく．

このようにして，つぎつぎとはじめの関数の定義域をひろげて正則関数を作っていく．そして，出来るだけ拡げたものが，実は (1) の $f(z)$ なのである．

一般に，1つの領域 D で定義された正則関数があるとき，その正則性を失わずに，しかも，可能な限り広い定義域をもつように作られた関数を，解析関数 (analytic function) という．この意味で，(1) は解析関数になっている．また，この方法で定義域を拡げていくことを解析接続という．

解析関数は1価とは限らない．たとえば，
$$z-\frac{z^2}{2}+\frac{z^3}{3}-\cdots\cdots+(-1)^{n-1}\frac{z^n}{n}+\cdots\cdots \quad (|z|<1)$$

できまる正則関数を解析接続して得られる解析関数は $\log(1+z)$ で，これは多価である．

また，
$$\sum_{n=1}^{\infty} z^{n!} = z+z^2+z^6+z^{24}+\cdots\cdots \quad (|z|<1)$$

で定義される正則関数では，これを単位円 $(|z|<1)$ の外へ解析接続することが不可能なことがわかっている．($z=e^{i\theta}$ で θ が π の有理数倍のときは，つねに発散する．これらの点は円周 $|z|=1$ の上に稠密にならんでいる）

解析接続を実際に行なっていくに当って，次の定理は基本的である．

定理 領域 D において正則な関数 $f(z), g(z)$ があって，D 内に集積点をもつ点集合 A において $f(z)=g(z)$ であれば，D においても $f(z)=g(z)$ である．（一致の定理）

これは，正則関数はある一部分で値がきまると，全体として値がきまってくるということを意味する．いわば，有機体なのである．

このことを使って，正則関数を1つの曲線に沿って解析接続していくことができる．

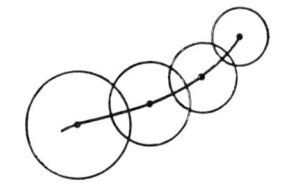

また，鏡像の原理（145 ページ）も解析接続に用いられる．

解析接続によって，解析関数を作っていく1つの例を，Γ 関数（ガンマー関数）について述べておこう．

Γ関数

n が自然数のとき，$\quad \int_0^{\infty} e^{-t} t^n dt = n!$

であることは，よく知られている．このことをもとにして，$z=n$ のときには，$\Gamma(n)=(n-1)!$ となる解析関数 $\Gamma(z)$ を作ってみよう．

それには，まず $Re(z)>0$ のとき，
$$f_1(z) = \int_0^{\infty} e^{-t} t^{z-1} dt$$

という関数が考えられる．これは，$Re(z)>0$ の範囲で定義された正則関数である．そして，部分積分すればわかるように，
$$f_1(z+1) = z f_1(z)$$

となっている. そこで
$$f_2(z) = \frac{f_1(z+1)}{z}$$
によって定義される関数 $f_2(z)$ を考えると, これは, $z \neq 0$ かつ,

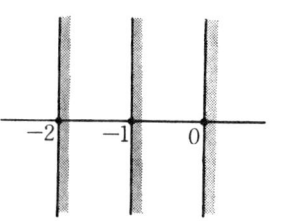

$$Re(z+1) > 0, \quad つまり, \quad Re(z) > -1 \tag{1}$$

で定義された正則関数で, $Re(z) > 0$ では,
$$f_2(z) = f_1(z)$$
である. そして, $f_2(z)$ では $z = 0$ は1位の極になっている. つまり, $f_2(z)$ は $f_1(z)$ を (1) の範囲まで解析接続したものである.

さらに,
$$f_3(z) = \frac{f_2(z+1)}{z}$$
によって $f_2(z)$ の解析接続 $f_3(z)$ を $Re(z) > -2$ で定義することができる.

このようにして進むと, $f_1(z), f_2(z), f_3(z), \cdots\cdots$ と解析接続され, こうしてできる解析関数を $\Gamma(z)$ とかいてガンマー関数というのである. この関数については,

$$\Gamma(n) = (n-1)! \quad (n 自然数)$$

$$\Gamma(z+1) = z\Gamma(z), \quad \Gamma\left(\frac{1}{2}\right) = \sqrt{\pi}$$

$\Gamma(z)$ の特異点は, $z = 0, \pm1, \pm2, \cdots\cdots$ で, これらは1位の極であるというようなことがわかっている.

Q. いままで, $n!$ のようなものは, n が自然数の場合だけしか考えられないと思っていましたが, このように広く考えられるのですね. しかし. $(-1)!, (-2)!$ のようなものは, $\Gamma(z)$ の意味では ∞ になるというわけですね. $\Gamma(z)$ は応用が広いのですか.

A. そうです. とても広く使われているもので, ほんの1例ですが, 曲線 $|x|^\alpha + |y|^\alpha = 1 \ (\alpha > 0)$ の面積は $\dfrac{2\Gamma\left(\dfrac{1}{\alpha}\right)^2}{\alpha\Gamma\left(\dfrac{2}{\alpha}\right)}$ と表わせます.

Q. この曲線は $\alpha = 2$ だと円, $\alpha = \dfrac{2}{3}$ だとアストロイドですね.

A. $\alpha = \dfrac{1}{2}$ですと,4つの放物線の弧です.また,

$$\int_0^1 x^{p-1}(1-x)^{q-1}dx = \frac{\Gamma(p)\Gamma(q)}{\Gamma(p+q)} \quad (p>0,\ q>0)$$

ということもわかっています.

§2. 整関数と有理形関数

z の n 次式 $(n \geqq 1)$ できまる関数

$$f(z) = a_0 z^n + a_1 z^{n-1} + \cdots\cdots + a_{n-1} z + a_n \quad (a_0 \neq 0)$$

は,数平面の全体で正則であり,数球面にして $z = \infty$ を考えると,n 位の極になっている.

また,有理関数

$$f(z) = \frac{a_0 z^m + a_1 z^{m-1} + \cdots\cdots + a_{m-1} z + a_m}{b_0 z^n + b_1 z^{n-1} + \cdots\cdots + b_{n-1} z + b_n}$$

は,数平面の全体では,特異点は極だけであり,$z = \infty$ では,

  分母の次数 > 分子の次数ならば,正則

  分母の次数 < 分子の次数ならば,極

となっている.

このような関数を特徴づけるものとしては,次の定理がある.

定理1 数平面の全体で有界,かつ正則な関数は定数である.

これは,リューヴィルの定理といわれるもので,146 ページで証明も述べてある.また,次のこともわかっている.

定理2 数球面で,極以外の特異点をもたない正則関数は,有理関数である.

ところで,e^z のような関数は,数平面全体で定義されているが,有界ではなく,また $z = \infty$ は真性特異点であって,極ではない.$e^{\frac{1}{z}}$ でいえば $z = 0$ が真性特異点で,$z = \infty$ は正則点である.

一般に,ある領域 D で $f(z)$ が特異点をもたないとき,$f(z)$ は D での整関数であるといい,極以外の特異点をもたないとき,有理形の関数であるという.

また，D を数平面にとったとき，そこでの整関数を単に整関数という．この意味で e^z は整関数である．有理整関数でない整関数を超越整関数という．

有理形関数であって，有理関数でないものを超越有理形関数という．

これらに関しては，次の定理が著名である．

定理3 $f(z)$ が領域 $0<|z-a|<R$ での超越整関数で，a が真性特異点のとき，高々1つの値を除いた任意の有限値 c に対し，

$$f(z)=c$$

となる z が，この領域内に無数にある．

これをピカール (Picard) の定理といい，c のとらない値を除外値という．たとえば，$e^{\frac{1}{z}}\ (0<|z|<1)$ についていえば，0 が除外値で，それ以外の c に対して $e^{\frac{1}{z}}=c$ となる z は無数にある．

この定理を発端として，有理形関数のとる値の分布に関する研究が深められている．これは，数球面でいえば，たとえば数球面の領域から有限個の点を取り除いたものを D とすると，$w=f(z)$ による $z \longrightarrow w$ によって，D の像が別の数球面 S をどのように覆うかということである．

§3. 指数関数と三角関数

まず，はじめに，
$$f(z)=\frac{z}{e^z-1} \tag{1}$$

という関数を考える．この関数の特異点は $z=2n\pi i$ (n は整数) で，$z=2\pi i$ が $z=0$ に最も近い特異点である．これは $|z|<2\pi$ で正則で，

$$f(z)=\sum_{n=0}^{\infty}a_n\frac{z^n}{n!}$$

とおける．(1) から，$(e^z-1)f(z)=z$，また $e^z-1=\sum_{n=1}^{\infty}\frac{z^n}{n!}$ であることから，

$$a_0=1,\quad \sum_{k=0}^{n}{}_{n+1}C_k a_k=0 \quad (n=1,2,3,\cdots\cdots)$$

であることがわかる．また，$f(z)+\dfrac{z}{2}$ は偶関数であることから，$a_{2k+1}=0$

($k = 0, 1, 2, \cdots\cdots$). このようなことから, $a_1, a_2, \cdots\cdots$ がつぎつぎと求められる. そこで, $a_{2n} = (-1)^{n-1} B_n$ とおくと, 結局,

$$\frac{z}{e^z - 1} = 1 - \frac{z}{2} - \sum_{n=1}^{\infty} \frac{(-1)^n}{(2n)!} B_n z^{2n} \tag{2}$$

この B_n はベルヌイ (Bernoulli) の数といい, その値は,

$$B_1 = \frac{1}{6}, \quad B_2 = \frac{1}{30}, \quad B_3 = \frac{1}{42}, \quad B_4 = \frac{1}{30}, \quad B_5 = \frac{5}{66}, \cdots\cdots$$

というようである. (一般の形は, 簡単にはかけない)

つぎにその応用を示そう.

例1 $\cot z$ の定義から, $\quad z \cot z = iz \dfrac{e^{2iz} + 1}{e^{2iz} - 1} = \dfrac{2iz}{e^{2iz} - 1} + iz$

このことから, (2) によって,

$$z \cot z = 1 - \sum_{n=1}^{\infty} \frac{2^{2n} B_n z^{2n}}{(2n)!} = 1 - \frac{z^2}{3} - \frac{z^4}{45} - \cdots\cdots \quad (|z| < \pi) \tag{3}$$

また, $\tan z = \cot z - 2 \cot 2z$ であることから,

$$\tan z = \sum_{n=1}^{\infty} \frac{2^{2n}(2^{2n}-1) B_n z^{2n-1}}{(2n)!} = z + \frac{1}{3} z^3 + \frac{2}{15} z^5 + \cdots\cdots \quad \left(|z| < \frac{\pi}{2}\right)$$

例2 $S_k = 1^k + 2^k + \cdots\cdots + n^k$ (k は自然数) のとき,

$$S_k = \frac{n^{k+1}}{k+1} + \frac{n^k}{2} + \frac{1}{2} {}_n C_1 B_1 n^{k-1} - \frac{1}{4} {}_k C_3 B_2 n^{k-3} + \cdots\cdots \tag{4}$$

であることが, 次のような考えで得られる.

$$\frac{z e^{xz}}{e^z - 1} = \sum_{n=0}^{\infty} \frac{1}{n!} B_n(x) z^n \tag{5}$$

とおくと, (2) によって,

$$B_n(x) = x^n - \frac{n}{2} x^{n-1} + {}_n C_2 B_1 x^{n-2} - {}_n C_4 B_2 x^{n-4} + \cdots\cdots \tag{6}$$

であることがわかる. そして,

$$\frac{z e^{(x+1)z}}{e^z - 1} - \frac{z e^{xz}}{e^z - 1} = z e^{xz}$$

であることから (5) によって, 両辺の z^{k+1} の係数をくらべて,

$$B_{k+1}(x+1)-B_{k+1}(x)=(k+1)x^k$$

$x=0,1,2\cdots\cdots,n-1$ とおいて加え，(6) を参照すれば (4) が得られる．

つぎに，これまでのこととは別に，

$$\cot z = \frac{1}{z}+2z\sum_{n=1}^{\infty}\frac{1}{z^2-n^2\pi^2} \tag{7}$$

$$\sin z = z\prod_{n=1}^{\infty}\left(1-\frac{z^2}{n^2\pi^2}\right) \tag{8}$$

というようなことがわかる．

(7) については $\cot\zeta$ は $\zeta=n\pi$ (n 整数) で 1 位の極をもち，その留数が 1 であることから，$z \neq k\pi, |z|<R$ とし，$x=\pm R, y=\pm R$ のつくる正方形の周を C とすると，$R=n\pi+\frac{\pi}{2}$ として，

$$\frac{1}{2\pi i}\int_C \frac{\cot\zeta}{\zeta-z}d\zeta = \cot z+\sum_{k=-n}^{n}\frac{1}{k\pi-z}$$

この式で $R\to\infty$ とすると (7) が得られる．(詳細は省略)

また，
$$\frac{d}{dz}\log\frac{\sin z}{z} = \cot z-\frac{1}{z}$$

であることを使って，実軸上で両辺を 0 から z まで積分する．($0\leqq z<\pi$) そうすると，(7) によって，

$$\log\frac{\sin z}{z} = \sum_{n=1}^{\infty}\left(\log\left(1-\frac{z}{n\pi}\right)+\log\left(1+\frac{z}{n\pi}\right)\right)$$

これから (8) が得られる．

例 3 $s_p = \frac{1}{1^p}+\frac{1}{2^p}+\frac{1}{3^p}+\cdots\cdots+\frac{1}{n^p}+\cdots\cdots$ とおくとき，s_{2k} について

$$s_{2k} = \frac{2^{2k-1}}{(2k)!}B_k\pi^{2k} \tag{9}$$

である．それは，

$$\frac{z^2}{n^2\pi^2-z^2} = \left(\frac{z}{n\pi}\right)^2+\left(\frac{z}{n\pi}\right)^4+\left(\frac{z}{n\pi}\right)^6+\cdots\cdots$$

であることと (7) から，

$$z \cot z = 1 - 2\sum_{k=1}^{\infty} s_{2k}\left(\frac{z}{\pi}\right)^{2k}$$

これを (3) と比較すると (9) が得られる.

§4. 楕円積分と楕円関数

長軸の長さ $2a$, 短軸の長さ $2b$ の楕円は,
$$x = a\cos t, \quad y = b\sin t$$
で表わされる. その $t=0$ から $t=u$ までの部分の弧の長さは, 離心率 $e\,(=\sqrt{a^2-b^2}/a)$ を使って次のようにかける.

$$L = \int_0^u \sqrt{\left(\frac{dx}{dt}\right)^2 + \left(\frac{dy}{dt}\right)^2}\,dt = a\int_0^u \sqrt{1-e^2\cos^2 t}\,dt \tag{1}$$

この積分は u の関数であるが, これを実際に求めることは, 18世紀から19世紀のはじめにかけて, 大問題であった.

ところが, このような関数を,

$$\left.\begin{array}{l}\text{有理関数, 無理関数, 指数関数, 対数関数, 三角関数,}\\ \text{逆三角関数などを使って表わすことはできない.}\end{array}\right\} \text{(A)}$$

ということが, 19世紀の半ば近くになって判明した. それは, 変数を実数でなく, もっと広く複素数にとって考えることによって明らかになったのである. この事情を説明しよう.

まず, (1) の積分で $\cos t = x$ $(0 \leqq t \leqq \pi)$ とおくと,

$$\int \sqrt{\frac{1-e^2 x^2}{1-x^2}}\,dx \tag{2}$$

の形の積分になる. この積分や

$$\int \sqrt{(1-x^2)(1-k^2 x^2)}\,dx, \quad \int \frac{dx}{\sqrt{(1-x^2)(1-k^2 x^2)}} \tag{3}$$

などは楕円積分といわれている.

一般の楕円積分は, $R(x,y)$ を x,y の有理関数, $P(x)$ を 3 次または 4 次の整式とするとき,

$$\int R(x, \sqrt{P(x)})dx$$

の形のものであるが,これは, $\int \dfrac{dx}{\sqrt{P(x)}}$, $\int \dfrac{x\,dx}{\sqrt{P(x)}}$, $\int \dfrac{dx}{(x-a)\sqrt{P(x)}}$ の3種に帰着されることがわかっている.

さてここで,複素変数での積分

$$w = \varphi(z) = \int_0^z \frac{dt}{\sqrt{(1-t^2)(1-k^2t^2)}} \quad (0 < k < 1)$$

によって, z 平面の上半面 $(Im(z) > 0)$ を w 平面へ移すことを考えてみよう.ここで,平方根は主値をとるものとする.

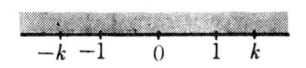

この関数 $w = \varphi(z)$ による写像 $z \longrightarrow w$ によって, z 平面の上半面は, w 平面では, $\pm K, \pm K + K'i$ を4つの頂点にもつ長方形の内部に写される.(証明省略)ここに,

$$K = \int_0^1 \frac{dt}{\sqrt{(1-t^2)(1-k^2t^2)}}$$

$$K' = \int_0^1 \frac{dt}{\sqrt{(1-t^2)(1-k'^2t^2)}} \quad (k'^2 = 1-k^2)$$

である.そこで,この関数 $w = \varphi(z)$ の逆関数

$$z = f(w)$$

を考え,この長方形の内部 Q で定義された正則関数を,鏡像の原理(145ページ)を使って全平面へ解析接続してできる関数を

$$z = F(w)$$

とすると,

$$F(w+4K) = F(w)$$
$$F(w+2iK') = F(w)$$
(4)

であることがわかる.このように, $F(w)$ は2重に周期をもつ関数で,ふつう $\mathrm{sn}\,w$ で表わされる.

ところが，(A)にあるような関数の中には，e^z, $\sin z$ のように1重の周期をもつものはあるが，2重に周期をもつものはない．こうして，(A)が原理的にわかったことになる．

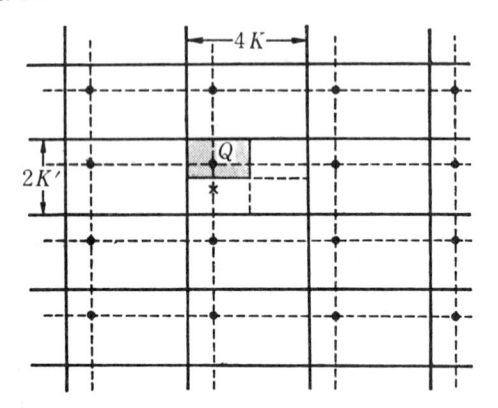

Q． 大体の筋道はわかりました．結局，"複素変数で考えること"と，"逆関数を考えること"がポイントですね．

A． そうです．あとから考えれば，見透しはよいわけです．たとえば，
$$y = \varphi(x) = \int_0^x \frac{du}{\sqrt{1-u^2}}$$
なども $\sin^{-1} x$ という記号を知らなければ求まらないわけです．$\sin^{-1} x$ を知らなければ，$y = \varphi(x)$ の逆関数を考えるとき，$x = f(y)$ が $\sin y$ となって，知っているものに帰着するのですね．

一般に，全平面で定義された正則関数 $f(z)$ があって，$\dfrac{\omega_1}{\omega_2}$ が実数でない2つの複素数 ω_1, ω_2 について，
$$f(z+\omega_1) = f(z), \qquad f(z+\omega_2) = f(z)$$
となっているとき，$f(z)$ は2重周期をもつといい，これが極以外の特異点をもたないとき，楕円関数 (elliptic function) という．

前ページで述べた $\operatorname{sn} w$ も楕円関数であるが，
$$\mathfrak{P}(z) = \sum_{(m,n)(\neq 0,0)} \left(\frac{1}{(z-m\omega_1-n\omega_2)^2} - \frac{1}{(m\omega_1+n\omega_2)^2} \right) + \frac{1}{z^2}$$
で定義される楕円関数は，ワイエルシュトラスの $\mathfrak{P}$ (ペエ) 関数といい，楕円関

数論では基本的なものである.
　たとえば,
　　任意の楕円関数は, $\wp(z)$ とその導関数 $\wp'(z)$ との有理関数として表わされる.
というようなことが, わかっている.

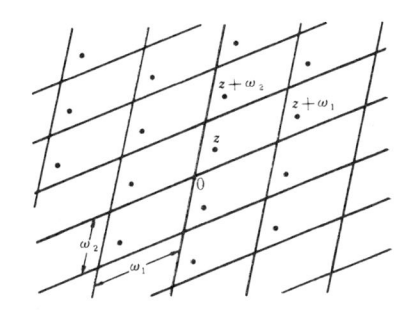

§5. 等角写像

正則関数 $w=f(z)$ による写像 $z \to w$ が, 角の大きさを変えない変換, つまり等角写像で, しかもまわり向きを変えないものであることは, これまでに述べてきたところである. そしてまた, 多くの例を扱ってきた. たとえば,

$$w=f(z)=e^{i\theta}\frac{z-a}{1-\bar{a}z} \quad (|a|<1) \tag{1}$$

による写像 $z \to w$ においては, 次のことが成り立つ.

　　単位円の内部が, 単位円の内部へ 1 対 1 に移され,
$$f(a)=0, \quad \angle(f'(a))=\theta$$

これは容易にわかることであるが, 逆にこの性質をもつ正則関数 $w=f(z)$ は (1) の他にはないことも, わかっている.

　また, 次の関数による写像は, z 平面の上半面 ($Im(z)>0$) を $a_1, a_2, \cdots\cdots, a_n$ を頂点とする凸多角形の内部へ移すものである.

$$w=f(z)=\int_{z_0}^{z}(t-a_1)^{-b_1}(t-a_2)^{-b_2}\cdots\cdots(t-a_n)^{-b_n}dt$$

ここに, $\quad 0<b_k<1 \quad (k=1,2,\cdots\cdots,n), \quad \sum_{k=1}^{n}b_k=2$

181 ページの $w = \varphi(z)$ は，その特別な場合である．

一般に，次の定理が成り立つ．

定理 z 平面上に少くとも 2 つの境界点をもつ単連結の領域 D をとるとき，その内部を w 平面の単位円の内部へ 1 対 1 に移す正則関数 $w = f(z)$ が存在する．

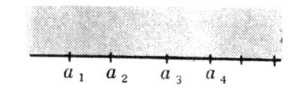

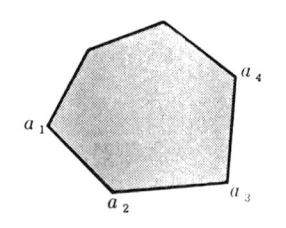

§6. 流体力学への応用

複素関数の理論は，2 次元の流体の流れと密接に関連している．

いま，平面的な流れがあるとき，その速度ベクトルの場 (u, v) を考えると，これは点の直角座標 (x, y) の関数である．つまり，
$$u = u(x, y), \quad v = v(x, y)$$
が点 (x, y) を通過するときの流体の粒子の速度の直角成分である．

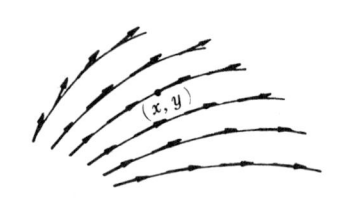

いま，この平面上で 2 点 A, B を結ぶ線 C を考え，この線の一方の側から他の側へ流れる流体の量の時間に対する割合を考えると，これは C に沿っての線積分
$$\psi = \int_C (u\, dy - v\, dx) \tag{1}$$
で表わされる．このことは，次のようにしてわかる．

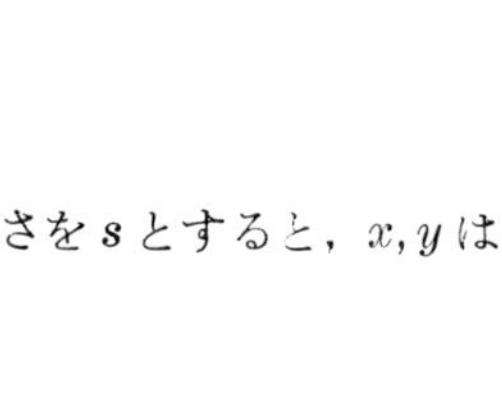

曲線 C の上で，定点から任意の点へいたる弧の長さを s とすると，x, y は s の関数で，
$$\frac{dx}{ds} = l, \quad \frac{dy}{ds} = m$$

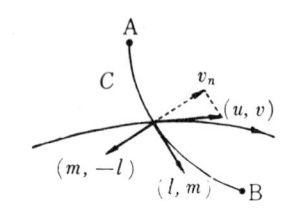

は接線単位ベクトルの成分である．このベクトルを，AからBへ向う線Cの右側へ$90°$まわした法線単位ベクトルの成分は$(m, -l)$で，速度ベクトルのこの法線方向への成分は，

$$v_n = um + v(-l) = u\frac{dy}{ds} - v\frac{dx}{ds}$$

で与えられ，この線を通る流体の量の時間に対する割合は，

$$\int v_n ds$$

であることから，(1) が導かれる．

そこで，いま，この流体が非圧縮，つまり体積がいつでも一定とすると，(1) はCの両端A, Bにのみ関係して定まるもので，これを結ぶ線Cのとり方には関係しない．

そこで，Aを定点とし，Bは動点とみて改めてPとかき，Pの座標を(x, y)とすると，

$$\psi = \int_A^P (u\, dy - v\, dx)$$

はPの関数，したがってx, yの関数となる．これを流れの関数という．yを一定とし両辺をxで微分すると，

$$\frac{\partial \psi}{\partial x} = -v$$

xを一定としてyで微分すると，

$$\frac{\partial \psi}{\partial y} = u$$

こうして，
$$u = \frac{\partial \psi}{\partial y}, \quad v = -\frac{\partial \psi}{\partial x} \tag{2}$$

つぎに，この流れに"渦がない"，つまり $\dfrac{\partial u}{\partial y} - \dfrac{\partial v}{\partial x} = 0$ とすると，

$$u = \frac{\partial \varphi}{\partial x}, \quad v = \frac{\partial \varphi}{\partial y} \tag{3}$$

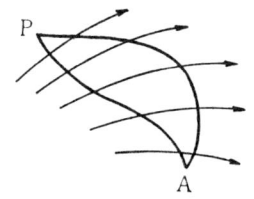

となる φ (ポテンシャル) がある.

(2) と (3) から,
$$\frac{\partial \varphi}{\partial x} = \frac{\partial \psi}{\partial y}, \quad \frac{\partial \varphi}{\partial y} = -\frac{\partial \psi}{\partial x}$$

したがって, x, y の関数 $\varphi + i\psi$ を考えるとき, これを x, y の関数とみると, コーシー・リーマンの方程式が成り立つことになり,
$$\varphi + i\psi = f(z) \quad (z \text{ の正則関数})$$
となる.

以上のことから次のことがいえる.

　非圧縮な渦のない流れで, 流れの関数を $\psi = \psi(x, y)$, 速度のポテンシャルを $\varphi = \varphi(x, y)$ とすると, $\varphi + i\psi$ は $z = x + iy$ の正則関数である. このとき, 速度ベクトルの成分は,
$$u = \frac{\partial \varphi}{\partial x} = \frac{\partial \psi}{\partial y}, \quad v = \frac{\partial \varphi}{\partial y} = -\frac{\partial \psi}{\partial x}$$

また, 2 組の曲線の集まり
$$\varphi(x, y) = \text{一定}, \quad \psi(x, y) = \text{一定}$$
は直交している.

つぎに, $w = \varphi + i\psi = f(z)$ がいろいろな関数になった場合の流れのようすを示しておこう.

例1 一様な流れ

これは, $f(z) = cz$ の場合で,
$$\varphi = cx, \ \psi = cy$$
$$u = c, \ v = 0$$

例2 角 (かど) をまわる流れ

これは, $f(z) = cz^n$ の場合で, $z = re^{i\theta}$ とおくと,
$$\varphi = cr^n \cos n\theta, \ \psi = cr^n \sin n\theta$$

例3 湧出し

これは, $f(z) = c \log z$ のときで,

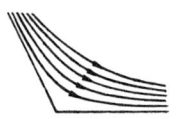

$$\varphi = c\log r, \ \psi = c\theta$$

例4 2重湧出し

これは，$f(z) = \dfrac{c}{z}$ のときで，

$$\varphi = \frac{c}{r}\cos\theta, \ \psi = -\frac{c}{r}\sin\theta$$

例5 静止した流体の中を動く円柱のまわりの流れ

$$f(z) = c - \frac{ka^2}{z}$$

例6 静止した円柱のまわりの一様な流れ

$$f(z) = k\left(z + \frac{a^2}{z}\right)$$

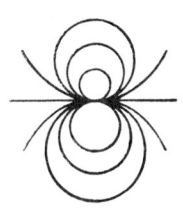

補　充

1. 多元数としての複素数

ここでは,
　　実数を係数とする多元数で,ふつうの計算法則の成り立つものは,
　　実数または複素数の他にない
ということを示そう.まず,実数を係数とする多元数というのは,$e_1, e_2, \cdots, e_n$ を基とする実数係数の任意の1次結合

$$\alpha = a_1 e_1 + a_2 e_2 + \cdots\cdots + a_n e_n$$

$$(a_1, a_2, \cdots\cdots, a_n \text{ が実数})$$

である.その全体 H が多元環をなすというのは,次のことを意味する.

(I) 上の α の他に H の元

$$\beta = b_1 e_1 + b_2 e_2 + \cdots\cdots + b_n e_n$$

をとるとき,$\alpha+\beta, k\alpha$ (k は実数) を次のように定義する.

$$\alpha+\beta = (a_1+b_1)e_1 + (a_2+b_2)e_2 + \cdots\cdots + (a_n+b_n)e_n$$

$$k\alpha = (ka_1)e_1 + (ka_2)e_2 + \cdots\cdots + (ka_n)e_n$$

これによって,加法,減法と実数倍についてはふつうの計算ができる.

(II) $\alpha \in H, \beta \in H$ のとき,$\alpha\beta$ が定義されて,これについては,
　次のことが成り立つ. $\alpha, \beta, \gamma \in H$ とするとき,

$$(\alpha\beta)\gamma = \alpha(\beta\gamma),$$

$$\alpha(\beta+\gamma) = \alpha\beta + \alpha\gamma, \quad (\beta+\gamma)\alpha = \beta\alpha + \gamma\alpha$$

さらに,

(II′) $\alpha\beta = \beta\alpha$

の成り立つとき,この多元環は可換であるといい,

(III) 任意の $\alpha(\neq 0)$, β に対して,$\alpha\gamma = \beta$ となる H の元 γ があるときに,多元体という.多元体では.

$$\alpha\beta = 0 \text{ ならば } \alpha = 0 \text{ または } \beta = 0$$

である.

そこで,

(I) (II) (II′) (III) がすべて成り立つとき,H は実数体または複素数体である

ことを証明しようというのである.

証明 H の元で 0 でないものを考えて ζ とすると,

$$\zeta = x_1 e_1 + x_2 e_2 + \cdots\cdots + x_n e_n$$

そこで,$\zeta^2, \zeta^3, \cdots\cdots$ を考えると,これらも

$$\zeta^2 = y_1 e_1 + y_2 e_2 + \cdots\cdots + y_n e_n$$

$$\zeta^3 = z_1 e_1 + z_2 e_2 + \cdots\cdots + z_n e_n$$

$$\cdots\cdots\cdots\cdots\cdots$$

ここで係数はすべて実数である.そこで,n 次元のベクトル

$$(x_1, x_2, \cdots\cdots, x_n) \quad (y_1, y_2, \cdots\cdots, y_n) \quad (z_1, z_2, \cdots\cdots, z_n) \quad \cdots\cdots$$

を十分多くとって考えると1次従属となるから,$\zeta, \zeta^2, \zeta^3, \cdots\cdots$ もそうなり,結局適当な実数 $c_0, c_1, c_2, \cdots\cdots, c_k$ をとると,

$$c_0 \zeta^{k+1} + c_1 \zeta^k + c_2 \zeta^{k-1} + \cdots\cdots + c_k \zeta = 0 \quad (c_0 \neq 0) \tag{1}$$

これから, $\quad c_0 \zeta^k + c_1 \zeta^{k-1} + \cdots\cdots + c_k = 0 \tag{2}$

ところが,実係数の n 次方程式の根は実根と共役複素数であることから,(1) の左辺は,

$$\zeta(\zeta - a_1)(\zeta - a_2) \cdots\cdots ((\zeta - b_1)^2 + c_1^2) \cdots\cdots$$

$$(a_1, a_2, \cdots\cdots, b_1, c_1, \cdots\cdots \text{ はすべて実数}), \quad (c_i \neq 0)$$

となり，(2)から
$$(\zeta-a_1)(\zeta-a_2)\cdots((\zeta-b_1)^2+c_1^2)\cdots = 0$$
したがって，ζ は実数 $a_1, a_2, \cdots$ か虚数 $b_1+c_1 i, \cdots$ のどれかになる．

2. 4 元 数

実数を基本にした 4 元数体というのは，$1, i, j, k$ を基とした
$$\alpha = a_1 + a_2 i + a_3 j + a_4 k \quad (a_1, a_2, a_3, a_4 \text{ は実数}) \tag{1}$$
の全体で，i, j, k については，
$$\left.\begin{array}{l} i^2 = j^2 = k^2 = -1, \\ ij = -ji = k, \ jk = -kj = i, \ ki = -ik = j \end{array}\right\} \tag{2}$$
となっているものである．

このとき，さらに，
$$\beta = b_1 + b_2 i + b_3 j + b_4 k \quad (b_1, b_2, b_3, b_4 \text{ は実数})$$
を考えると，(2)によって，
$$\alpha\beta = (a_1 b_1 - a_2 b_2 - a_3 b_3 - a_4 b_4) + (a_1 b_2 + a_2 b_1 + a_3 b_4 - a_4 b_3)i$$
$$+ (a_1 b_3 - a_2 b_4 + a_3 b_1 + a_4 b_2)j + (a_1 b_4 + a_2 b_3 - a_3 b_2 + a_4 b_1)k$$
また，$\quad |\alpha| = \sqrt{a_1^2 + a_2^2 + a_3^2 + a_4^2}$
とおくと，$\alpha \neq 0$ の逆数は，
$$\alpha^{-1} = \frac{1}{|\alpha|^2}(a_1 - a_2 i - a_3 j - a_4 k)$$
となっている．

(1)は i を虚数単位とみて，
$$\alpha = (a_1 + a_2 i) + (a_3 + a_4 i)j$$
と考えられる．そしてまた，
$$E = \begin{pmatrix} 1 & 0 \\ 0 & 1 \end{pmatrix}, \ I = \begin{pmatrix} i & 0 \\ 0 & -i \end{pmatrix}, \ J = \begin{pmatrix} 0 & 1 \\ -1 & 0 \end{pmatrix}, \ K = \begin{pmatrix} 0 & i \\ i & 0 \end{pmatrix}$$

とおいて，α を
$$a_1E+a_2I+a_3J+a_4K \tag{3}$$
で表わすことができる．実際，この場合，
$$I^2 = J^2 = K^2 = -E$$
$$JK = -KJ = I, \quad KI = -IK = J, \quad IJ = -JI = K$$
次に，

空間の回転は，1つの4元数で表わされ，回転の合成は，対応する4元数の乗法で表わせる

ことがわかっている．その証明の概要を述べよう．

まず空間における回転は，数球面の上での軸のまわりの回転と考えられる．そして，これは複素数を使うと次の変換として表わせる．(76 ページ参照)
$$\frac{w-\alpha}{w-\beta} = k\frac{z-\alpha}{z-\beta} \quad (|k|=1, \; \alpha\bar{\beta}=-1)$$
これを w について解くと，
$$w = \frac{(\alpha-k\beta)z+(k-1)\alpha\beta}{-(k-1)z+(k\alpha-\beta)} \tag{4}$$
この分母，分子に $e^{-2i\theta} = -k\alpha\beta$ となる $e^{i\theta}$ を掛けると，$k\bar{k}=1, \alpha\bar{\beta}=-1$ によって，
$$w = \frac{pz+q}{-\bar{q}z+\bar{p}}$$
の形になる．さらに，分母，分子を $\sqrt{p\bar{p}+q\bar{q}}$ で割って，
$$w = \frac{az+b}{-\bar{b}z+\bar{a}} \quad (a\bar{a}+b\bar{b}=1) \tag{5}$$
(4) をこの形に表わす方法は 2 通りある(上の a, b の代わりに，$-a, -b$ とおいたもの)．そこで，
$$a = a_1+a_2i, \quad b = a_3+a_4i \quad (a_1, a_2, a_3, a_4 \text{ は実数})$$
とおくと，変換 (5) は次の行列で表わされる．(72 ページ参照)
$$\begin{pmatrix} a & b \\ -\bar{b} & \bar{a} \end{pmatrix} = \begin{pmatrix} a_1+a_2i & a_3+a_4i \\ -a_3+a_4i & a_1-a_2i \end{pmatrix}$$

これは，(3) の行列に他ならない．

こうして，球面の回転は (5) で表わされ，回転の合成はこの形の変換の合成となることから，回転は，

$$a_1+a_2i+a_3j+a_4k \quad (a_1{}^2+a_2{}^2+a_3{}^2+a_4{}^2=1)$$

という 4 元数で表わされ，回転の合成は 4 元数の積に帰着することがわかる．

3. 等 角 写 像

空間で，曲面はその上の点の直角座標 (x,y,z) が，曲線座標 u,v を使って，

$$x=x(u,v), \quad y=y(u,v), \quad z=z(u,v)$$

で表わされるものである．この場合，$\boldsymbol{x}=(x,y,z)$ とし，

$$\boldsymbol{e}_1=\frac{\partial \boldsymbol{x}}{\partial u}=\left(\frac{\partial x}{\partial u},\frac{\partial y}{\partial u},\frac{\partial z}{\partial u}\right), \quad \boldsymbol{e}_2=\frac{\partial \boldsymbol{x}}{\partial v}=\left(\frac{\partial x}{\partial v},\frac{\partial y}{\partial v},\frac{\partial z}{\partial v}\right)$$

とおいて，$\boldsymbol{e}_1,\boldsymbol{e}_2$ は 1 次独立とする．

この曲面上で，曲線の弧の長さ s の微分 ds については，

$$ds^2=(d\boldsymbol{x},d\boldsymbol{x})=(\boldsymbol{e}_1du+\boldsymbol{e}_2dv,\boldsymbol{e}_1du+\boldsymbol{e}_2dv)$$

そこで，$\quad E=(\boldsymbol{e}_1,\boldsymbol{e}_1), \quad F=(\boldsymbol{e}_1,\boldsymbol{e}_2), \quad G=(\boldsymbol{e}_2,\boldsymbol{e}_2)$ (1)

とおくと，

$$ds^2=Edu^2+2Fdudv+Gdv^2$$

この面上で，

$$u=u(t), \quad v=v(t)$$

で表わされる曲線を考えると，

$$\frac{d\boldsymbol{x}}{dt}=\frac{\partial \boldsymbol{x}}{\partial u}\frac{du}{dt}+\frac{\partial \boldsymbol{x}}{\partial v}\frac{dv}{dt} \qquad (2)$$

いま，点 P で交わる 2 つの線

$$u_i=u_i(t), \quad v_i=v_i(t) \quad (i=1,2)$$

を考え，$\qquad \dfrac{du_i}{dt}=a_i, \quad \dfrac{dv_i}{dt}=b_i$ (3)

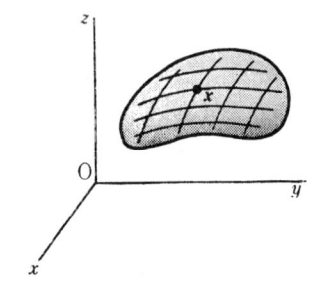

とおくと，P での 2 つの曲線の接線ベクトルが (2) (3) により，
$$t_1 = a_1 e_1 + b_1 e_2, \quad t_2 = a_2 e_1 + b_2 e_2$$
で表わされる．そのなす角を θ とすると，(1) によって，
$$\cos\theta = \frac{(t_1, t_2)}{|t_1|\cdot|t_2|} = \frac{E a_1 a_2 + F(a_1 b_2 + a_2 b_1) + G b_1 b_2}{\sqrt{E a_1^2 + 2F a_1 b_1 + G b_1^2}\sqrt{E a_2^2 + 2F a_2 b_2 + G b_2^2}} \tag{4}$$
このことから，次の定理が得られる．

定理 2 つの曲面 $S, \overline{S}$ があって，対応する点を同じ曲線座標を使って表わし，弧の長さ $s, \bar{s}$ の微分を考えるとき，
$$d\bar{s}^2 = \lambda ds^2 \quad (\lambda = \lambda(u, v)) \tag{5}$$
となっているならば，この対応は等角写像である．

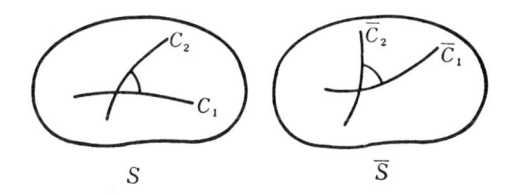

証明 S の上の交わる曲線 C_1, C_2 に対応する $\overline{S}$ の曲線を $\overline{C_1}, \overline{C_2}$ とすると，(3) によって対応する a_1, b_1 および a_2, b_2 は同じである．また，
$$ds^2 = E du^2 + 2F du dv + G dv^2 \qquad d\bar{s}^2 = \overline{E} du^2 + 2\overline{F} du dv + \overline{G} dv^2$$
とおくと，(5) によって，
$$\overline{E} = \lambda E, \quad \overline{F} = \lambda F, \quad \overline{G} = \lambda G$$
したがって，(4) によって，$\overline{C_1}, \overline{C_2}$ のなす角と C_1, C_2 のなす角は等しい．

例 1 正則関数 $w = f(z)$ による写像は，ユークリッド平面からユークリッド平面への写像で，$z = x + yi$, $w = u + vi$ とおくと，
$$ds^2 = dx^2 + dy^2 = dz d\bar{z}, \quad d\bar{s}^2 = du^2 + dv^2 = dw d\bar{w}$$
ところが，$dw = f'(z) dz$ だから，
$$d\bar{s}^2 = \lambda ds^2 \quad (\lambda = f'(z)\overline{f'(z)})$$
これで等角写像であることがわかる．

194 補　　充

例 2　極投影が等角写像であることも，上の定理からわかる．(76 ページ 9 を使って各自調べてみよ)

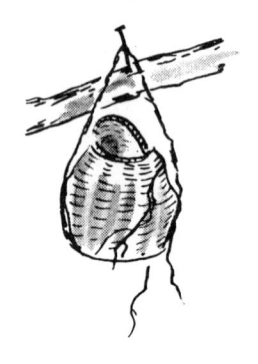

▷ 答とヒント ◁

問題 1.

2. $\alpha = a+bi$, $\beta = c+di$ とおくと $\alpha\beta = 0$ から, $ac-bd=0$, $ad+bc=0$ これを平方して加える. **3.** 共役複素数になる場合もある. **4.** $z=x+yi$ (x,y 実数) とおくと, $f(z)=f(x)+f(yi)=xf(1)+yf(i)$. $f(z_1z_2)=f(z_1)f(z_2)$ で $z_2=1$ として $f(1)=1$. $f(z_1+z_2)=f(z_1)+f(z_2)$ で $z_2=0$ として $f(0)=0$, また $z_2=-z_1$ として $f(-z_1)=-f(z_1)$. $f(-1)=-f(1)=-1$. $f(z_1z_2)=f(z_1)f(z_2)$ で $z_1=z_2=i$ とおいて $f(-1)=f(i)^2$. $f(i)=\pm i$.

問題 2.

1. (1) $2e^{i\pi}$ (2) $3e^{i\frac{\pi}{2}}$ (3) $\sqrt{2}\,e^{-i\frac{\pi}{4}}$ (4) $e^{i\frac{2}{3}\pi}$

2. 等差数列をなす点は1直線上に等間隔にならぶ. 等比数列をなす点は初項 $ce^{i\alpha}$, 公比 $ke^{i\beta}$ として第 $n+1$ 項は $ck^n e^{i(\alpha+n\beta)}$. この点は $r = ck^{\frac{1}{\beta}(\theta-\alpha)}$ という等角らせんまたは円周の上にならぶ. ただし $\beta=0$ のときは直線上.

3. $\alpha = e^{i\theta}$, $\zeta = e^{i\frac{2\pi}{n}}$ とおくと, $\alpha + \alpha\zeta + \alpha\zeta^2 + \cdots + \alpha\zeta^{n-1} = 0$. 実数部, 虚数部をとれ.

4. $\omega = e^{i\frac{2}{3}\pi}$ とすると, z_1, z_2, z_3 が $\alpha, \alpha\omega, \alpha\omega^2$ (順不同). 数平面で考えれば, 正三角形の性質から導かれる. 計算ならば, $z_2/z_1 = \alpha$, $z_3/z_1 = \beta$ とおいて, $1+\alpha+\beta = 0$ から $\beta = -1-\alpha$ とし, $\beta\bar{\beta} = 1$ から α を求めよ.

5. z_1, z_2, z_3, z_4 の中の2つの和が0. 数平面の上で考えれば, $\frac{1}{2}(z_1+z_2) = -\frac{1}{2}(z_3+z_4)$ によって, z_1, z_2, z_3, z_4 が一般的には長方形の頂点になっていることがわかる.

6. 与えられた式を0とおいて z について解くと, $z = \frac{1}{2}(-a(x+y) \pm \sqrt{D})$ ここで, $D = a^2(x+y)^2 - 4(x^2+y^2+axy)$. これが完全平方式であることから, $a=2, -1$. $a=2$ のとき $(x+y+z)^2$, $a=-1$ のとき $(x+\omega y+\omega^2 z)(x+\omega^2 y+\omega z)$.

7. $x^2+xy+y^2 = (x-\omega y)(x-\omega^2 y)$ (ω は1の虚の3乗根) であることから, $x=\omega y$ を $(x+y)^n - x^n - y^n$ へ代入すると $y^n((-\omega^2)^n - 1 - \omega^n)$. これが0になるのは $n = 6m+k$ ($k=0,1,2,3,4,5$) とおいて, $n=6m+1$, $6m+5$ の場合に限ることがわかる.

8. 数平面上で A, B, C を α, β, γ で表わすとき, P, Q, R はそれぞれ, $\beta + k(\gamma-\beta)$, $\gamma + k(\alpha-\gamma)$, $\alpha + k(\beta-\alpha)$ で表わされる.

9. 与えられた式から, $|a-b|\cdot|c-d| + |a-d|\cdot|b-c| \geq |a-c|\cdot|b-d|$ 等号の成り立つのは $(a-b)(c-d)/(a-d)(b-c)$ が正の実数のときに限る.

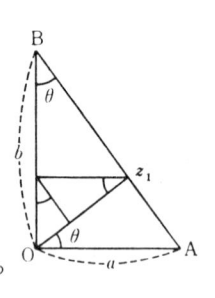

10. Oを原点．Aをa, Bをbi, $\tan^{-1}\dfrac{a}{b}=\theta$とおき，さらに$\mathrm{OP}_1, \mathrm{P}_1\mathrm{P}_2, \cdots\cdots$を$z_1, z_2, \cdots\cdots$とし，$k = -\cos\theta e^{-i\theta}$, $l = i\sin\theta e^{i\theta}$とおくと，$z_1 = a\cos\theta e^{i\theta}$, $z_2 = kz_1$, $z_3 = lz_2$, $z_4 = kz_3$, $z_5 = lz_4, \cdots\cdots$となり，P_nの極限の位置は，
$$z_1+z_2+z_3+z_4+\cdots\cdots = z_1+kz_1+klz_1+k^2lz_1+k^2l^2z_1+\cdots\cdots$$
$$= \frac{1+k}{1-kl}z_1 = \frac{(1+k)(1-\overline{kl})}{|1-kl|^2}z_1$$
これを計算して，$a\sin\theta\cos\theta(\sin\theta\cos\theta+i)/(1+\sin^2\theta\cos^2\theta)$ これをa, bで表わしてP_nの極限点の直角座標は，$\left(\dfrac{a^3b^2}{a^4+3a^2b^2+b^4}, \dfrac{a^2b(a^2+b^2)}{a^4+3a^2b^2+b^4}\right)$

11. このようなzがないとすると，$|z|\leqq 1$のときつねに$|z^2+az+b| < \dfrac{1}{2}$. $z = -1, 1, 0$とおくと，$|1-a+b| < \dfrac{1}{2}$, $|1+a+b| < \dfrac{1}{2}$, $|b| < \dfrac{1}{2}$. はじめの2式から$|(1-a+b)+(1+a+b)| \leqq |1-a+b|+|1+a+b| < 1$, つまり$|2+2b| < 1$, $2-|2b| < 1$となって$|b| < \dfrac{1}{2}$に矛盾する．

12. $|z|\geqq 1$とすれば，$|z^3+az^2+bz+c| \geqq |z(z^2+az+b)|-|c| \geqq |z(z+a)+b|-|c| \geqq |z+a|-|b|-|c| \geqq |z|-|a|-|b|-|c| \geqq 1-|a|-|b|-|c| > 0$

13. $(a_0z^n+a_1z^{n-1}+\cdots\cdots+a_n)(z-1) = a_0z^{n+1}-(a_0-a_1)z^n-(a_1-a_2)z^{n-1}-\cdots\cdots-a_n$ 前問と同じように考えて，$|z|\geqq 1$のとき，$|a_0z^{n+1}-(a_0-a_1)z^n-\cdots\cdots-a_n| \geqq a_0-(a_0-a_1)-\cdots\cdots-(a_{n-1}-a_n)-a_n = 0$. 等号は$z = 1$のときであるが$z = 1$は根でない．

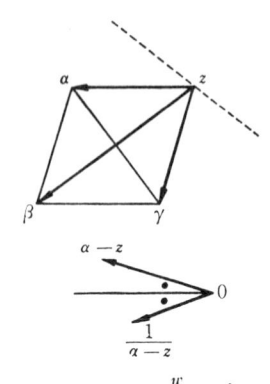

14. $f'(z) = 0$の根zがα, β, γを頂点とする三角形の外にあるとして，3つのベクトル$\dfrac{1}{z-\alpha}, \dfrac{1}{z-\beta}, \dfrac{1}{z-\gamma}$の和が0にならないことを示せばよい．それには，まず$\alpha-z, \beta-z, \gamma-z$が$z$をとおる直線の一方の側にあることから$\dfrac{1}{\alpha-z}, \dfrac{1}{\beta-z}, \dfrac{1}{\gamma-z}$も$z$をとおるある直線の一方の側にあることを導け．

問題 3.

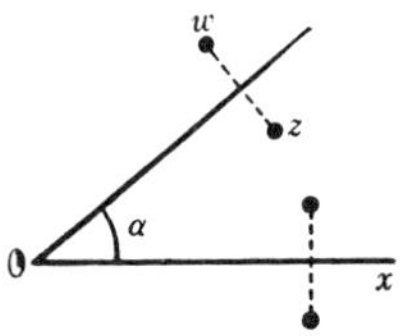

1. $a \neq 1$のときは$z_0 = az_0+b$となるz_0を使うと，$w-z_0 = a(z-z_0)$

2. $e^{-i\alpha}w = \overline{e^{-i\alpha}z}$だから，$w = e^{2i\alpha}\bar{z}$

3. 正六角形の中心の1つを原点にとると，各六角形の中心が$b+c\gamma$となる．模様をそれ自身に重ねるには，回転$z \longrightarrow \gamma^a z$を行ない，次に平行移動を行なえばよい．

4. (1) z が実数のときは，$\left|\dfrac{az-b}{\bar{a}z-\bar{b}}\right| = \dfrac{|az-b|}{|az-b|} = 1$

(2) $|z|=1$ のときは，$z\bar{z}=1$ だから，$\left|\dfrac{az-b}{\bar{b}z-\bar{a}}\right| = \left|\dfrac{(az-b)}{-(\bar{a}\bar{z}-\bar{b})}\dfrac{1}{z}\right| = 1$

5. (1) $\dfrac{w-0}{w-1} \bigg/ \dfrac{i-0}{i-1} = \dfrac{z-1}{z-2} \bigg/ \dfrac{3-1}{3-2}$ から $w = \dfrac{-z+1}{(1+2i)z-(3+4i)}$

(2) $\dfrac{w-1}{w-3} \bigg/ \dfrac{6-1}{6-3} = \dfrac{z-1}{z-2} \bigg/ \dfrac{3-1}{3-2}$ から $w = \dfrac{-9z+3}{z-7}$

6. (1) $\dfrac{w-i}{w+i} = 2\dfrac{z-i}{z+i}$, n 回繰返すと，$\dfrac{w-i}{w+i} = 2^n \dfrac{z-i}{z+i}$

(2) $\dfrac{1}{w-2} = \dfrac{1}{z-2} + 1$, n 回繰返すと，$\dfrac{1}{w-2} = \dfrac{1}{z-2} + n$

7. $f_i \circ f_j = f_k$ であることを第 i 行第 j 列の k で表わすと，右の表のようになる．これによって群をなすことがわかる．

8. $\alpha\bar{\beta} = -1$ である点 α, β は，球面上では直径の両端になる．与えられた１次分数変換はこの２点をとおる円 L の集合 $\{L\}$ を同じ $\{L\}$ に移し，これに直交する円 K はそれ自身へ移す．(65ページ参照) したがってこの変換は，球面上では点 α, β を両端にもつ直径のまわりの回転である．

	1	2	3	4	5	6
1	1	2	3	4	5	6
2	2	6	5	3	4	1
3	3	4	1	2	6	5
4	4	5	6	1	2	3
5	5	3	2	6	1	4
6	6	1	4	5	3	2

9. $N(0,0,1)$ と点 $(x,y,0)$ をとおる直線上の点の座標は $(xt, yt, 1-t)$ で表わせる．この点が $X^2+Y^2+Z^2 = Z$ の上にあることから t を求めると，$(1+x^2+y^2)^{-1}$

問題 4.

1. $z = x+yi$ とおくと，(1) は $x^2-y^2 = a$
(2) は $xy = \dfrac{1}{2}b$ で，図は右のようである．（これらは直交している）

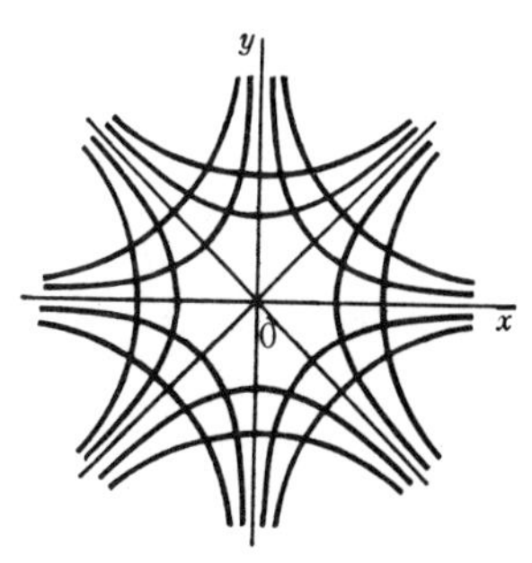

2. $w = re^{i\theta}$ とおくと，$|z| < 1$ より，$|w^2-1| = |r^2\cos 2\theta - 1 + ir^2 \sin 2\theta| \leq 1$

これから， $r^2 \leq 2\cos 2\theta$

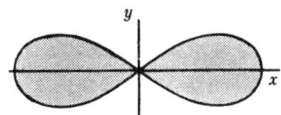

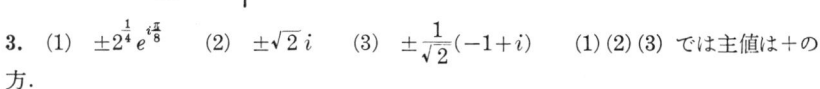

3. (1) $\pm 2^{\frac{1}{4}} e^{i\frac{\pi}{8}}$　(2) $\pm\sqrt{2}\,i$　(3) $\pm\dfrac{1}{\sqrt{2}}(-1+i)$　(1)(2)(3) では主値は $+$ の方．

(4) $e^{i\frac{\pi}{6}} = \dfrac{1}{2}(\sqrt{3}+i)$ (主値)，　$e^{i\frac{5\pi}{6}} = \dfrac{1}{2}(-\sqrt{3}+i)$,　$e^{i\frac{3\pi}{2}} = -i$

4. (1) $Im(z) > 0$ の部分は $0 > \angle(w) > -\dfrac{\pi}{2}$, 第1象限は $0 > \angle(w) > -\dfrac{\pi}{4}$ へ移る.

(2) $Im(z) > 0$ の部分は $\dfrac{2\pi}{3} > \angle(w) > 0$, 第1象限は $\dfrac{\pi}{3} > \angle(w) > 0$ の部分へ移る.

(3) $w = u+vi$ とおくと, $z = 1-w^2 = (1-u^2+v^2)-2uvi$ だから $Im(z) > 0$ の部分は, $uv < 0$, 第1象限の部分は $u^2-v^2 < 1$, $uv < 0$ の領域へ移る. しかし, この場合主値を考えているため, 第2象限内に限られる. たとえば, $z = 1+i$ を考えてみるとよい. 図は(1)(2)(3)ともに, z が第1象限の場合を示す.

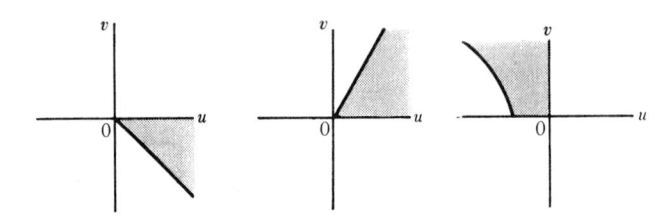

5. 下の左のような3つの球面をつなげたもので, 結局1つの球面の形に帰着する.

6. 下の右のように, 球面 S_1, S_2 で, 0 と 1 の間, ∞ と -1 の間に切れ目を入れて, 図のようにつなげるから, 結局, 円環面(トーラス)と同じ形になる.

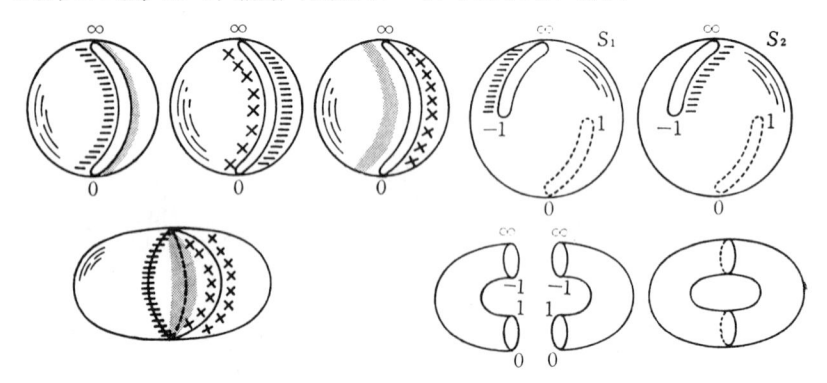

7. $(z^2-1)^{\frac{1}{2}} = (z-1)^{\frac{1}{2}}(z+1)^{\frac{1}{2}}$ だから, $z = 1$ のまわりを1周すると, $(z-1)^{\frac{1}{2}}$ の値の符号が変わり, $z = -1$ のまわりを1周すると $(z+1)^{\frac{1}{2}}$ の値の符号が変わる. したがって, 図のような線の上では, $(z^2-1)^{\frac{1}{2}}$ の値は一価となる.

8. $z = 1$ のまわりを正の向きに1周すると, $z^{\frac{2}{3}}$ の値は ω^2 倍 ($\omega = e^{i\frac{2\pi}{3}}$) になり, $z = 1$ のまわりを正の向きに1周すると, ω^{-1} 倍になる. したがって, $z = 1$ を m 周, $z = -1$ を n 周すると, $(z-1)^{\frac{2}{3}}(z+1)^{-\frac{1}{3}}$ は ω^{2m-n} 倍になる. したがって $2m-n \equiv 0 \pmod{3}$ の

き，この関数は1価である．次にその例を示す．

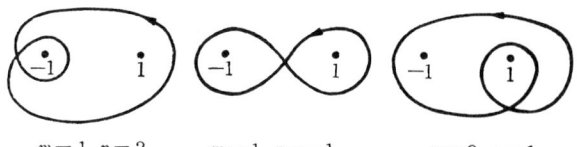

$m=1, n=2$ $m=1, n=-1$ $m=2, n=1$

問題 5.

1. n はすべて整数を表わすものとする．主値は $n=0$ の場合である．
(1) $e^{-2n\pi}(\cos(\log 2)+i\sin(\log 2))$ (2) $e^{-(2n+1)\pi}$
(3) $2^{\frac{1}{2}\sqrt{2}}(\cos\frac{\sqrt{2}}{4}(8n+1)\pi+i\sin\frac{\sqrt{2}}{4}(8n+1)\pi)$ (4) $\frac{i}{2}\left(e-\frac{1}{e}\right)$
(5) $\frac{1}{2}\left[\left(e+\frac{1}{e}\right)\cos 1+i\left(e-\frac{1}{e}\right)\sin 1\right]$ (6) $i\tanh\frac{\pi}{3}$ (7) $\log 2+\left(2n-\frac{1}{2}\right)\pi i$
(8) $\log 3+(2n+1)\pi i$

2. $z=x+yi$ とおくと，(1) $e^x\cos y=a$
$x=-\log|\cos y|+\log|a|$ （実線）
(2) $e^x\sin y=b$
$x=-\log|\sin y|+\log|b|$ （点線）

3. $z=re^{i\theta}$ ($-\pi<\theta\leq\pi$) とおくと，
$\text{Log } z=\log r+i\theta$
$w=z^a=e^{a\log z}=e^{a(\log r+i\theta)}$
$=r^a(\cos a\theta+i\sin a\theta)$
(1) $Im(w)=k$ （一定）に対しては，
$r^a\sin a\theta=k$
(2) $Re(w)=l$ （一定）に対しては，
$r^a\cos a\theta=l$

(1) $a>0$ $\theta=\frac{\pi}{a}$ (2) $a<0$

4. $z^a=e^{a\log z}$ で，z が 0 のまわりを正の向きに1周すると $\log z$ は $2\pi i$ だけ増すから z^a は $e^{i2\pi a}$ 倍になる．

5. $e^{i2\pi(a+b)}$ 倍になる．

6. $z=\theta$ で表わされるらせん面（(r,θ) が xy 平面上の極座標）

問題 6.

1. (1) 正則でない   (2) 正則，$3z^2$ (3) 正則でない ($1/\bar{z}$)
(4) 正則，$1-\frac{1}{z^2}$ (5) 正則，$-ie^{-iz}$ (6) 正則でない ($e^{\bar{z}}$)

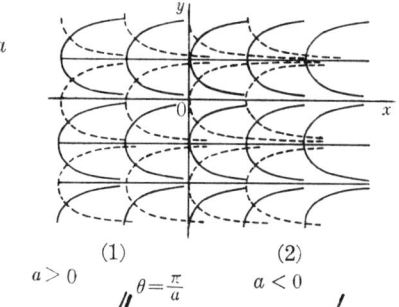

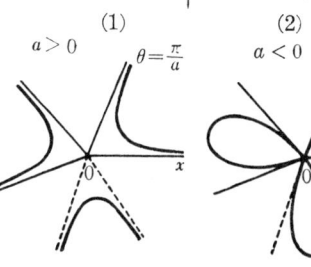

200　答とヒント

2. (1) $z^2-2iz-1$　(2) 存在しない　(3) i/z　(4) $i\cos z$

3. $f(z)=u+iv$ とおく. (1) $v=$ 定数から $\dfrac{\partial u}{\partial x}=\dfrac{\partial v}{\partial y}=0$, $\dfrac{\partial u}{\partial y}=-\dfrac{\partial v}{\partial x}=0$ となって u は定数　(2) (1)と同様　(3) $u^2+v^2=$ 定数. 両辺を x,y で偏微分して2でわると, $u\dfrac{\partial u}{\partial x}+v\dfrac{\partial v}{\partial x}=0$, $u\dfrac{\partial u}{\partial y}+v\dfrac{\partial v}{\partial y}=0$. あとの式は $-u\dfrac{\partial v}{\partial x}+v\dfrac{\partial u}{\partial x}=0$ となり, これと前の式とから, $u=0$, $v=0$ または, $\dfrac{\partial u}{\partial x}=0$, $\dfrac{\partial v}{\partial x}=0$ となって, u,v ともに定数となる.

4. 前問と同様. $\dfrac{\partial u}{\partial x}=0$, $\dfrac{\partial u}{\partial y}=0$ から導く.　**5.** 実変数のときと同様.

6. (1) $w'=\dfrac{ad-bc}{(cz+d)^2}$, $w''=\dfrac{-2(ad-bc)c}{(cz+d)^3}$ だから, $\varphi=\dfrac{-2c}{cz+d}$ これから, $\varphi'-\dfrac{1}{2}\varphi^2=0$　(2) 逆に $\varphi'-\dfrac{1}{2}\varphi^2=0$ から, $\varphi^{-2}\varphi'=\dfrac{1}{2}$　$-\dfrac{1}{\varphi}=\dfrac{1}{2}z+k$, $\varphi=\dfrac{-2}{z+2k}$. $\varphi=(\log w')'$ だから, $\log w'=-2\log(z+2k)+l$　$w'=\dfrac{m}{(z+2k)^2}$ $w=-\dfrac{m}{z+2k}+n$. これは1次分数式.

問題 7.

1. (1) $\pm i$ が1位の極　(2) -1, $\dfrac{1}{2}(1\pm\sqrt{3}\,i)$ は2位の極　(3) 1 は1位の極.

2. (1) $2\pi i$　(2) 0　**3.** (1) $\dfrac{2\pi}{\sqrt{4ac-b^2}}$. $az^2+bz+c=0$ の2根を $\alpha,\bar\alpha$ ($\mathrm{Im}\,\alpha>0$) とすると, 留数は, $\lim\limits_{z\to\alpha}\dfrac{z-\alpha}{az^2+bz+c}=\dfrac{1}{2\sqrt{4ac-b^2}}$

(2) $\dfrac{\pi}{2\sqrt{c}\sqrt{b+2\sqrt{ac}}}$. $az^4+bz^2+c=0$ の根を $\alpha,\bar\alpha,-\alpha,-\bar\alpha$ ($\mathrm{Im}(\alpha)>0$, $\mathrm{Re}(\alpha)>0$) として, 153ページ例題1にならってやる. $R_1+R_2=\dfrac{1}{2\alpha\bar\alpha(\alpha-\bar\alpha)}$. $\alpha^2+\bar\alpha^2=-\dfrac{b}{a}$, $\alpha^2\bar\alpha^2=\dfrac{c}{a}$

(3) $\dfrac{3\sqrt{2}\,\pi}{8}$. 例題2にならう. この場合の $z=\alpha$ での留数は,
$R=\left[\dfrac{d}{dz}\dfrac{(z-\alpha)^2}{(z^4+1)^2}\right]_{z=\alpha}=\left[\dfrac{d}{dz}((z+\alpha)^{-2}(z-\bar\alpha)^{-2}(z+\bar\alpha)^{-2})\right]_{z=\alpha}=\dfrac{-2(5\alpha^2-\bar\alpha^2)}{(2\alpha)^3(\alpha^2-\bar\alpha^2)^3}=-\dfrac{3\alpha}{16}$

4. $\dfrac{\pi}{2e}$. $z=i$ での留数は, $\lim\limits_{z\to i}(z-i)\dfrac{e^{iz}}{z^2+1}=\dfrac{e^{-1}}{2i}$

5. 右の図で, $\int_0^R e^{-x^2}dx+\int_{C_1}e^{-z^2}dz-\int_{C_2}e^{-z^2}dz=0$ 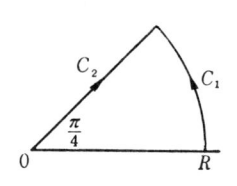
左辺の第3項では, $z=re^{i\frac{\pi}{4}}$ とおいて,
$\int_{C_2}e^{-z^2}dz=\int_0^r e^{-ir^2}\dfrac{1+i}{\sqrt{2}}dr$
$=\dfrac{1+i}{\sqrt{2}}\int_0^R(\cos r^2-i\sin r^2)dr$

C_1 上では $z=Re^{i\theta}$ とおいて,

$$\left|\int_{C_1} e^{-z^2}dz\right| = \left|\int_0^{\frac{\pi}{4}} e^{-R^2(\cos 2\theta + i\sin 2\theta)} Rie^{i\theta}d\theta\right| \leqq \int_0^{\frac{\pi}{4}} e^{-R^2\cos 2\theta} Rd\theta$$

$2\theta = \varphi$ とおいて, $\int_0^{\frac{\pi}{4}} e^{-R^2\cos 2\theta} Rd\theta = \int_0^{\frac{\pi}{2}} e^{-R^2\cos\varphi} \frac{R}{2}d\varphi \leqq \int_0^{\frac{\pi}{2}} e^{-R^2 \frac{2}{\pi}\varphi} \frac{R}{2}d\varphi$

ここで $R \to \infty$ とすると, この積分は 0 に収束する.

6. $\int_{-a}^{a} e^{-x^2}dx + \int_{C_1} e^{-z^2}dz - \int_{C_2} e^{-z^2}dz + \int_{C_3} e^{-z^2}dz = 0$

C_2 については, $z = x + ci$ とおくと,

$$\int_{C_2} e^{-z^2}dz = \int_a^{-a} e^{-x^2 - 2cxi + c^2}dx$$
$$= e^{c^2} \int_a^{-a} e^{-x^2}(\cos 2cx - i\sin 2cx)dx$$

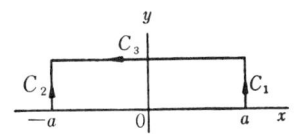

C_1 では, $z = a + yi$ とおくと,

$$\int_{C_1} e^{-z^2}dz = \int_0^C e^{-a^2 + y^2 - 2ayi} idy$$

だから, $\left|\int_{C_1} e^{-z^2}dz\right| = e^{-a^2} \int_0^c e^{y^2}dy$. $a \to \infty$ とするとこれは 0 に収束

C_3 に沿っての積分も同様. そこで $a \to \infty$ とする.

7. $D \cup C$ は有界な閉領域だから, 連続関数 $|f(z)|$ の最大になる点がある. この点を α とし, $D \cup C$ の内部にあるとすると, 141ページ (6) により, $f(\alpha) = \frac{1}{2\pi} \int_0^{2\pi} f(\alpha + Re^{i\theta})d\theta$ であることから, $|f(\alpha)| \leqq \frac{1}{2\pi} \int_0^{2\pi} |f(\alpha + Re^{i\theta})|d\theta$ となって, $|f(\alpha)|$ が最大であることから $|f(\alpha + Re^{i\theta})| = |f(\alpha)|$. R は任意だから $z = \alpha$ の近傍で $|f(z)| = $ 一定となり, コーシー・リーマンの条件によって $f(z) = $ 一定となる. (120ページ 3 (3) 参照) だから $|f(z)|$ が定数でないと C 上にその最大となる点がある. $|f(z)|$ が定数なら問題はない.

8. $f^{(n)}(a) = \frac{n!}{2\pi i} \int_C \frac{f(z)}{(z-a)^{n+1}}dz$ で, $z = a + re^{i\theta}$ とおいて考えよ.

9. 前問によると, $|f^{(n+1)}(a)| \leqq \frac{M(n+1)!}{r^{n+1}}$ で, $|z| > R$ のときはつねに $|f(z)| < |z|^n$ だから $|z| = r$ にとると, $|f^{(n+1)}(a)| \leqq \frac{(n+1)!}{r}$. ここで $r \to \infty$ として $f^{(n+1)}(a) = 0$. a は任意だから, $f(z)$ は高々 n 次の式となる.

問題 8.

1. $\frac{\sin z}{z} = 1 - \frac{z^2}{3!} + \frac{z^4}{5!} - \cdots\cdots$ となって, $z = 0$ は本質的には正則点.

(除き得る特異点, 見かけの特異点である)

2. (1) $z = \frac{1}{2}(1 \pm \sqrt{3}i)$, 1位の極 (2) $\frac{e^z}{e^z - 1} = \frac{1}{z}e^z \Big/ \left(1 + \frac{1}{2!}z + \frac{1}{3!}z^2 + \cdots\cdots\right)$

202 答とヒント

で $z=0$ が1位の極, $z=n\cdot 2\pi i$ (n 整数) も1位の極.

(3) $\sin\dfrac{1}{z-1} = \dfrac{1}{z-1} - \dfrac{1}{3!}\left(\dfrac{1}{z-1}\right)^3 + \cdots\cdots$ で, $z=1$ は真性特異点.

(4) $z\Big/(e^{\frac{1}{z}}-1) = z\Big/\left(\dfrac{1}{z} + \dfrac{1}{2!}\dfrac{1}{z^2} + \dfrac{1}{3!}\dfrac{1}{z^3} + \cdots\cdots\right) = z^2\Big/\left(1 + \dfrac{1}{2!}\dfrac{1}{z} + \dfrac{1}{3!}\dfrac{1}{z^2} + \cdots\cdots\right)$

で $z=0$ は真性特異点. $z = \dfrac{1}{n\cdot 2\pi i}$ (n は0でない整数)は1位の極.

3. (1) $\dfrac{1}{z^n} + \dfrac{1}{z^{n-1}} + \dfrac{1}{2!}\dfrac{1}{z^{n-2}} + \cdots\cdots + \dfrac{1}{n!} + \dfrac{z}{(n+1)!} + \cdots\cdots$

(2) $1 - \dfrac{1}{2!}\dfrac{1}{z^2} + \dfrac{1}{4!}\dfrac{1}{z^4} - \cdots\cdots$

4. 正則だから, $f(z) = a_0 + a_1 z + a_2 z^2 + \cdots\cdots$
$f(0) = 0$ だから $a_0 = 0$ となり, $f(z) = zg(z)$, $g(z) = a_1 + a_2 z + \cdots\cdots$

5. $f(0) = 0$ だから $f(z) = zg(z)$ ($g(z)$は正則) となる. $|f(z)| < 1$ だから $|g(z)| < \dfrac{1}{|z|}$
$|z| = r < 1$ とすると, $|g(z)| < \dfrac{1}{r}$. したがってペ141ージ(6)により,
$|z| \leqq r$ で $|g(z)| < \dfrac{1}{r}$. $\dfrac{1}{r}$ はいくらでも1に近くとれるから, $|g(z)| \leqq 1$ となり,
$|f(z)| \leqq |z|$. いま, $a \neq 0$ で $|f(a)| = |a|$ だから, $|g(a)| = 1$ となり, $|g(z)| = 1$ ($|z| \leqq |a|$) で $g(z)$ は定数となり, $g(z) = e^{i\theta}$

―――― 参　考　書 ――――

　まず，高校の課程に続くものとして複素数を説くものには，
　　黒須康之介　　複素数　　　　　　培風館（新数学シリーズ）
　　小林善一　　　複素数　　　　　　共立出版
がある．後者には，複素関数論の初歩まで説いてある．
　複素数の幾何学への応用としては，
　　小林幹雄　　複素数の幾何学　　共立出版
が詳しい．ふつうの複素関数論の書物は極めて多く，30種位ある．その一部を挙げておこう．まず，
　　竹内端三　　函数論（上，下）　　裳華房
は，古くから親しまれたよい書物である．その他に，
　　能代　清　　初等函数論　　　　培風館
　　一松　信　　函数論入門　　　　培風館（新数学シリーズ）
　　遠木幸成・阪井章　関数論　　　学術図書出版
　　黒田　正　　複素関数概説　　　共立出版
　　小松勇作　　函数論　　　　　　朝倉書店
　　田村二郎　　解析函数　　　　　裳華房
　　小堀　憲　　複素解析学入門　　朝倉書店
進んだ書物としては，
　　吉田洋一　　函数論　　　　　　岩波書店
　　能代　清　　解析接続入門　　　共立出版
　　遠木幸成　　幾何学的函数論　　共立出版
物理学などへの応用とも関連して説いているものは，
　　井上正雄　　応用関数論　　　　共立出版
また，次の書物の中の複素数，複素関数の項はすぐれた叙述である．
　　高木貞治　　代数学講義　　　　共立出版
　　高木貞治　　解析概論　　　　　岩波書店
128ページで述べた外積や外微分については，たとえば，
　　松島与三　　多様体論　　　　　裳華房
　　村上信吾　　多様体論　　　　　共立出版
　　志賀浩二　　現代ベクトル解析　広川書店
を参照されたい．

◇ 索　引 ◇

― ア 行 ―

1次関数　53
一致の定理　174
1次分数関数　57
1次変換群　70
一様収束　162

― カ 行 ―

解析接続　146
外積　128
外微分　128
ガウスの定理　126
ガウスの平面　27
ガンマ関数　175
鏡像の原理　145
共役　23
極　150
極形式　30
行列　20
コーシーの積分表示　140
　　――の積分定理　133
　　――平面　27
コーシー・リーマンの条件　112
合同　73
孤立特異点　168
コンパクト化　67

― サ 行 ―

三角関数　99

指数関数　93
収束円　163
収束半径　163
剰余系　15
剰余類　12
主値　89, 100
ジョルダン曲線　125
数球面　68
数平面　27
整関数　176
正則関数　83, 109
正のまわり向き　126
絶対収束　162
絶対値　30
線積分　124

― タ 行 ―

対数関数　99
代数学の基本定理　142
楕円関数　182
楕円積分　180
多元環　188
多元数　5
多元体　189
超越有理形関数　177
直積　16
等角写像　60, 192
特異点　150
同一化　16

同型対応　15

― ナ 行 ―

2次関数　77
2次分数関数　85

― ハ 行 ―

反転　58
非調和比　41
複素平面　27
複比　41
不動点　55
べき関数　101
β-関数　182
偏角　30

― マ 行 ―

無限大 ∞　67
モレラの定理　145

― ヤ 行 ―

有理形関数　176
4元数　5

― ラ 行 ―

留数　152
リーマン面　91
リューヴィルの定理　146
ルーシェの定理　149
零点　147
ローラン展開　170

― 著者略歴 ―

栗　田　　　稔

昭和12年　東京大学理学部数学科卒
昭和24年　名古屋大学教養部教授
　　　　　名古屋大学工学部元教授・理学博士
主要著書　微分積分学（学術図書），リーマン幾何（至文堂）
　　　　　いろいろな曲線（共立出版）
　　　　　現代幾何学（筑摩書房）

複素数と複素関数

2002年2月5日　　初版　第1刷

著　者　栗田　稔
　　　　くりた　みのる

発行所　株式会社 現代数学社
　　　　京都市左京区鹿ケ谷西寺之前町1

検印省略

電　話　075-751-0727
振　替　01010-8-11144
印刷／製本　株式会社 合同印刷

ISBN4-7687-0277-5　C3041　　　　©2002　Printed in Japan